BIM 造 价 实 训 系 列 教 程

BIM 建筑工程计量与计价实训（福建版）

BIM Jianzhu Gongcheng
Jiliang yu Jijia Shixun

主　编　　龙绛珠

副主编　　张玲玲

重庆大学出版社

内容简介

本书分为建筑工程计量和建筑工程计价上、下两篇。上篇详细介绍了如何识图、如何从清单定额和平法图集角度进行分析，确定算什么，如何算的问题；讲解了如何应用广联达 BIM 土建计量平台 GTJ 软件完成工程量的计算。下篇主要介绍了如何运用广联达云计价平台 GCCP 完成工程量清单计价的全过程并提供了报表实例。通过本书的学习，学生可以正确地掌握算量流程、组价流程和软件应用方法，并能够独立完成工程量计算和清单计价。

本书可作为高校工程造价类专业的实训教材，也可作为 GIAC 工程造价电算化应用技能认证考试教材，以及土木工程类专业的教学参考用书和岗位技能培训教材。

图书在版编目(CIP)数据

BIM 建筑工程计量与计价实训:福建版/龙绛珠主
编 . -- 重庆:重庆大学出版社,2021.6(2025.1 重印)
BIM 造价实训系列教程
ISBN 978-7-5689-2958-5

Ⅰ.①B… Ⅱ.①龙… Ⅲ.①建筑工程—计量—教材
②建筑造价—教材 Ⅳ.①TU723.32

中国版本图书馆 CIP 数据核字(2021)第 178601 号

BIM 建筑工程计量与计价实训

(福建版)

主 编 龙绛珠

副主编 张玲玲

策划编辑:林青山 刘颖果

责任编辑:姜 凤 版式设计:林青山
责任校对:王 倩 责任印制:赵 晟

*

重庆大学出版社出版发行
出版人:陈晓阳
社址:重庆市沙坪坝区大学城西路 21 号
邮编:401331
电话:(023)88617190 88617185(中小学)
传真:(023)88617186 88617166
网址:http://www.cqup.com.cn
邮箱:fxk@ cqup.com.cn(营销中心)
全国新华书店经销
重庆新生代彩印技术有限公司印刷

*

开本:787mm×1092mm 1/16 印张:22.75 字数:569 千
2021 年 6 月第 1 版 2025 年 1 月第 3 次印刷
印数:5 001—6 000
ISBN 978-7-5689-2958-5 定价:59.00 元

出版说明

　　随着科学技术日新月异的发展,近两年"云、大、移、智"等技术深刻影响着社会的方方面面,数字建筑时代已悄然到来。建筑业传统建造模式已不再适应可持续发展的要求,迫切需要利用以信息技术为代表的现代科技手段,实现中国建筑产业转型升级与跨越式发展。在国家政策倡导下,积极探索基于信息技术的现代建筑业的新材料、新工艺、新技术发展模式已成大势所趋。中国建筑产业转型升级是以互联化、集成化、数据化、智能化的信息化手段为有效支撑,通过技术创新与管理创新,带动企业与人员能力的提升,最终实现建造过程、运营过程、建筑及基础设施产品三方面的升级。数字建筑集成了人员、流程、数据、技术和业务系统,管理建筑物从规划、设计到施工、运维的全生命周期。数字时代,建筑将呈现数字化、在线化、智能化的"三化"新特性,建筑全生命周期也呈现出全过程、全要素、全参与方的"三全"新特征。

　　在工程造价领域,住房和城乡建设部于2017年发布《工程造价事业发展"十三五"规划》,提出要加强对市场价格信息、造价指标指数、工程案例信息等各类型、各专业造价信息的综合开发利用;提出利用"云+大数据"技术丰富多元化信息服务种类,培育全过程工程咨询,建立健全合作机制,促进多元化平台良性发展;提出大力推进BIM技术在工程造价事业中的应用,大力发展以BIM、大数据、云计算为代表的先进技术,从而提升信息服务能力,构建信息服务体系。造价改革顶层设计为工程造价领域指明了以数据为核心的发展方向,也为数字化指明了方向。

　　行业深刻变革的背后,需要大量的新型人才。为了顺应新时代、新建筑、新教育的趋势,广联达科技股份有限公司(以下简称"广联达公司")联合国内各大建筑相关院校,组织编写新版《广联达BIM造价实训系列教程》，以帮助院校培养建筑行业的新型人才。新版教材编制框架分为7个部分，具体如下：

①图纸分析：解决识图的问题。

②任务分析：从清单、定额两个方面进行分析，解决本工程要算什么以及如何算的问题。

③如何应用软件进行计算。

④本阶段的实战任务。

⑤工程实战分析。

⑥练习与思考。

⑦知识拓展。

新版教材、配套资源以及授课模式讲解如下：

1. 系列教材及配套资源

本系列教材包含案例图集《1号办公楼施工图（含土建和安装）》和分地区版的《BIM建筑工程计量与计价实训》。为了方便教师开展教学，与目前新清单、新定额、16G平法相配套，切实提高教学质量，按照新的内容全面更新实训教学配套资源，具体教学资源如下：

①BIM建筑工程计量与计价实训教学指南。

②BIM建筑工程计量与计价实训授课PPT。

③BIM建筑工程计量与计价实训教学参考视频。

④BIM建筑工程计量与计价实训阶段参考答案。

2. 教学软件

①广联达BIM土建计量平台GTJ。

②广联达云计价平台GCCP。

③广联达测评认证考试平台：学生提交土建工程/计价工程成果后自动评分，出具评分报告，并自动汇总全班成绩，老师可快速掌握学生作答提交的数据和学习情况。

以上所列除教材以外的资料，由广联达公司以课程的方式提供。

3. 教学授课模式

在授课方式上，建议老师采用"团建八步教学法"（以下简称"八步教学法"）模式进行教学，充分合理、有效利用教学资料包的所有内容，高效完成教学任务，提升课堂教学效果。何为团建？团建就是将班级学生按照成绩优劣等情况合理地搭配并分成若干组，有效地形成若干团队，形成共同学习、相互帮助的小团队。同时，老师引导各个团队形成不同的班级管理职能小组（学习小组、纪律小组、服务小组、娱乐小组等）。授课时，老师组织引导各职能小组发挥作用，帮助老师有效管理课堂和自主组织学习。本授课方法主要以组建团队为主导，以团建形式培养学生自我组织学习、自我管理的能力，形成团队意识、竞争意识。在实训过程中，所有学生以小组团队的身份出现。老师按照"八步教学法"的步骤，首先对整个实训工程案例进行切片式阶段任务设计，每个阶段任务按照"八步教学法"合理贯穿实施。整个课程利用我们提供的教学资料包进行教学，备、教、练、考、评一体化课堂设计，老师主要扮演组织者、引导者的角色，学生作为实训学习的主体发挥主要作用，实训效果在学生身上得到充分体现。

"八步教学法"授课的操作流程如下:

第一步,明确任务:本堂课的任务是什么? 该任务的前提条件是什么? 确定该任务的计算范围(哪些项目需要计算? 哪些项目不需要计算?)。

第二步,识图与任务分析(结合案例图纸):以团队的方式进行图纸及任务分析,找出各任务中涉及构件的关键参数及图纸说明,从定额、清单两个角度进行任务分析,确定算什么,如何算。

第三步,观看视频与上机演示:老师可以播放完整的案例操作以及任务讲解视频,也可以根据需要自行上机演示操作,主要是明确本阶段软件应用的重要功能、操作上机的重点及难点。

第四步,任务实战:老师根据布置的任务,规定完成任务的时间;团队学生自己动手操作,配合老师的辅导,在规定时间内完成阶段任务。学生在规定时间内完成任务后,提交个人成果至考试平台自动评分,得出个人成绩;老师在考试平台直接查看学生的提交情况和成绩汇总。

第五步,组内对量:评分完毕后,团队学生根据每个人的成绩,在小组内利用对量软件进行对量,讨论完成对量问题,如找问题、查错误、优劣搭配、自我提升。老师要求每个小组最终出具一份能代表小组实力的结果文件。

第六步,小组PK:每个小组上交最终成果文件后,老师再次使用评分软件进行评分,测出各个小组的成绩优劣,通过小组成绩刺激小组的团队意识以及学习动力。

第七步,二次对量:老师下发标准答案,学生再次利用对量软件与标准答案进行结果对比,从而找出错误点并加以改正。

第八步,总结及拓展:学生小组及个人总结;老师针对本堂课的情况进行总结及知识拓展,最终共同完成本堂课的教学任务。

随着高校实训教学的深入开展,广联达教育事业部造价组联合全国建筑类高校资深专业教师,倾力打造完美的造价实训课堂。

　　本书由广联达公司负责组织制订编写思路及大纲,阳光学院龙绛珠担任主编;广联达公司张玲玲担任副主编。由阳光学院龙绛珠负责全书各章节福建本地化编写;广联达公司张玲玲编写绪论和附录。

　　本系列教材在编写过程中,虽然经过反复斟酌和校核,但由于时间紧迫、编者能力有限,书中难免存在不足之处,诚望广大读者提出宝贵意见,以便再版时修改完善。

张玲玲

2020年6月于北京

目录
CONTENTS

0 绪 论

1)BIM技术给工程造价行业带来的变革

(1)提高工程量计算的准确性

工程量计算作为工程造价文件编制的基础工作,其计算结果的准确性直接影响工程造价的金额。从理论上讲,根据工程图纸和全国统一工程量计算规范所计算出的工程量,应是一个唯一确定的数值,然而在实际手工算量工作中,由于不同的造价人员对图纸的理解不同以及数值取定存在差异,最后会得到不同的数据。利用计算机借助BIM技术计算工程量就能很好地解决这一问题。

利用BIM技术计算工程量,主要是通过运用三维图形算量软件中的建模法和数据导入法进行。建模法是在计算机中绘制基础、墙、柱、梁、板、楼梯等构件模型图,然后软件根据设置的清单和定额工程量计算规则,充分利用几何数学的原理自动计算工程量。计算时以楼层为单元,在计算机界面上输入相关构件数据,建立整栋楼层基础、墙、柱、梁、板、楼梯的建筑模型,根据建好的模型进行工程量计算。数据导入法是将工程图纸的CAD电子文档直接导入三维图形算量软件,软件会智能识别工程设计图中的各种建筑结构构件,快速虚拟出仿真建筑,结合对构件属性的定义,以及对构件进行转化就能准确计算出工程量。这两种基于BIM技术计算工程量的方法,不仅可以减少造价人员的工作误差,同时利用BIM算量模型可以使工程量的计算更加准确、高效。

(2)提升工程结算效率

工程结算中一个比较麻烦的问题就是核对工程量。尤其对单价合同而言,在单价确定的情况下,工程量对合同价的影响甚大,因此核对工程量就显得尤为重要。钢筋、模板、混凝土、脚手架等在工程中大量采用的材料,都是造价工程师核对工作中的要点,需要耗费大量的时间和精力。BIM技术引入后,承包商利用BIM模型对该施工阶段的工程量进行一定3.8图的一个最主要组成部分转交给咨询公司进行竣工结算,施工单位和咨询公司基于这个BIM模型导出的工程量是一致的。这就意味着承包商在提交竣工模型的同时也就相当于提交了工程量,设计单位在审核模型的同时就已经审核了工程量。也就是说,只要是项目的参与人员,无论是咨询单位、设计单位,还是施工单位,或者是业主,所有获得这个BIM模型的人,得到的工程量都是一样的,从而大大提高了工程结算的效率。

(3)提高核心竞争力

造价人员是否会被BIM技术所取代呢?其实不然,只要造价人员积极了解BIM技术给造价行业带来的变革,积极提升自身的能力,就不会被取代。

当然,如果造价人员的核心竞争力体现在对数字计算等简单重复的工作,那么软件高度自动化计算一定会取代造价人员。但如果造价人员掌握一些软件很难取代的知识,比如精通清单定额、项目管理,相反,BIM软件还将成为提高造价人员专业能力的好帮手。因此,BIM的引入和普及发展,不过是淘汰专业技术能力差的从业人员。算量是基础,软件只是减少工作强度,这样会让造价人员的工作不再局限于算量这一小部分,而是上升到对整个项目的全面掌控,例如全过程造价管理、项目管理。精通合同、施工技术、法律法规等,掌握这些能显著提高造价人员核心竞争力的专业能力,将会为造价人员带来更好的职业发展。

2)BIM在全过程造价管理中的应用

（1）BIM在投资决策阶段的应用

投资决策阶段是建设项目最关键的一个阶段,它对项目工程造价的影响高达70%~90%,利用BIM技术,可以通过相关的造价信息以及BIM数据模型来比较精确地预估不可预见费用,减少风险,从而更加准确地确定投资估算。在进行多方案比选时,还可通过BIM进行方案的造价对比,选择更合理的方案。

（2）BIM在设计阶段的应用

设计阶段对整个项目工程造价管理有着十分重要的影响。通过BIM模型的信息交流平台,各参与方可以在早期介入建设工程中。在设计阶段使用的主要措施是限额设计,通过它可以对工程变更进行合理控制,确保总投资不增加。完成建设工程设计图纸后,将图纸内的构成要素通过BIM数据库与相应的造价信息相关联,从而实现限额设计的目标。

在设计交底和图纸审查时,通过BIM技术,可以将与图纸相关的各个内容汇总到BIM平台进行审核。利用BIM的可视化模拟功能,进行建造模拟、碰撞检查,减少设计失误,降低因设计错误或设计冲突导致的工程变更,实现设计方案在经济和技术上的最优。

（3）BIM在招投标阶段的应用

BIM技术的推广与应用,极大地提高了招投标管理的精细化程度和管理水平。招标单位通过BIM模型可以准确计算出招标所需的工程量,编制招标文件,最大限度地减少施工阶段因工程量问题产生的纠纷。投标单位的经济标是基于较为准确的模型工程量清单基础上制订的,同时可以利用BIM模型进一步完善施工组织设计,进行重大施工方案预演,做出较为优质的技术标,从而在投标时能够综合有效地制订本单位的投标策略,提高中标率。

（4）BIM在施工阶段的应用

在进度款支付时,往往会因为数据难以统一而花费大量的时间和精力,利用BIM技术中的5D模型可以直观地反映不同建设时间点的工程量完成情况,并及时进行调整。BIM还可以将招投标文件、工程量清单、进度审核预算等进行汇总,便于成本测算和工程款的支付。另外,利用BIM技术的虚拟碰撞检查,可以在施工前发现并解决碰撞问题,有效地减少变更次数,从而有利于控制工程成本,加快工程进度。

（5）BIM在竣工验收阶段的应用

传统模式下的竣工验收阶段,造价人员需要核对工程量,重新整理资料,计算细化到柱、梁,由于造价人员的经验水平和计算逻辑不尽相同,所以在对量过程中经常产生争议。

BIM模型可将前几个阶段的量价信息进行汇总,真实完整地记录了建设全过程发生的各项数据,提高工程结算效率并更好地控制建造成本。

3)BIM对建设工程全过程造价管理模式带来的改变

(1)建设工程项目采购模式的选择变化

建设工程全过程造价管理作为建设工程项目管理的一部分,其能否顺利开展和实施与建设工程项目采购模式(承发包模式)是密切相关的。

目前,在我国建设工程领域应用最为广泛的采购模式是DBB模式,即设计—招标—施工模式。在DBB模式下应用BIM,可为设计单位提供更好的设计软件和工具,增强设计效果,但是由于缺乏各阶段、各参与方之间的共同协作,BIM作为信息共享平台的作用和价值将难以实现,BIM技术在全过程造价管理中的应用价值将被大大削弱。

相对于DBB模式,在我国目前的建设工程市场环境下,DB模式(设计—施工模式)更加有利于BIM的实施。在DB模式下,总承包商从项目开始到项目结束都承担着总的管理及协调工作,有利于BIM在全过程造价管理中的实施,但是该模式下也存在着业主过于依赖总承包商的风险。

(2)工作方式的变化

传统的建设工程全过程造价管理是从建设工程项目投资决策开始,到竣工验收直至试运行投产为止,对所有的建设阶段进行全方位、全面的造价控制和管理,其工作方式为业主主导,具体由一家造价咨询单位承担全过程的造价管理工作。这种工作方式能够有效避免多头管理,利于明确职责与风险,使全过程造价管理工作系统地开展与实施。但在这种工作方式下,项目参建各方无法有效融入造价管理全过程。

在基于BIM的全过程造价管理体系下,全过程造价管理工作不再仅仅是造价咨询单位的职责,甚至不是由其承担主要职责。项目各参与方在早期便介入项目中,共同进行全过程造价管理,工作方式不再是传统的由造价咨询单位与各个参与方之间的"点对点"的形式,而是各个参与方之间的造价信息都聚集在BIM信息共享平台上,组成信息"面"。因此,工作方式变成造价咨询单位、各个项目参与方与BIM平台之间的"点对面"的形式,信息的交流从"点"升级为"面",信息传递更为及时、准确,造价管理的工作效率也更高。

(3)组织架构的变化

传统的建设工程全过程造价管理的工作组织架构较为简单,负责全过程造价管理的造价咨询单位是组织架构中的主导,各参与方之间的造价管理人员配合造价咨询单位完成全过程造价管理工作。

在基于BIM的建设工程全过程造价管理体系下,各参与方最理想的组织架构应该是类似于集成项目交付(Integrated Project Delivery,IPD)模式下的组织架构,即由各参与方抽调具备基于BIM的造价管理人员,组建基于BIM的造价管理工作小组(该工作小组不再以造价咨询单位为主导,甚至可以不再需要造价咨询单位的参与)。这个基于BIM的造价管理工作小组以业主为主导,从建设工程项目投资决策阶段开始,到项目竣工验收直至试运行投产为止,贯穿建设工程的所有阶段,涉及所有项目参与方,承担建设工程全过程的造价管理工作。这种组织架构有利于BIM信息流的集成与共享,有利于各阶段之间、各参与方之间造价管理工作的协调与合作,有利于建设工程全过程造价管理工作的开展与实施。

国外大量成功的实践案例证明,只有找到适合BIM特点的项目采购模式、工作方式、组织架构,才能更好地发挥BIM的应用价值,才能更好地促进基于BIM的建设工程全过程造价管理体系的实施。

4)将BIM应用于建设工程全过程造价管理的障碍

(1)具备基于BIM的造价管理能力的专业人才缺乏

基于BIM的建设工程全过程造价管理,要求造价管理人员在早期便参与到建设工程目中来,参与决策、设计、招投标、施工、竣工验收等全过程,从技术、经济的角度出发,在精通造价管理知识的基础上,熟知BIM应用技术,制订基于BIM的造价管理措施及方法,能够通过BIM进行各项造价管理工作的实施,与各参与方之间进行信息共享、组织协调等工作,这对造价管理人员的素质要求更为严格。显然,在我国目前的建筑业环境中,既懂BIM技术,又精通造价管理的人才十分缺乏,这些都不利于我国BIM技术的应用及推广。

(2)基于BIM的建设工程全过程造价管理应用模式障碍

BIM意味着一种全新的行业模式,而传统的工程承发包模式并不足以支持BIM的实施因此需要一种新的适应BIM特征的建设工程项目采购模式。目前应用最为广泛的BIM应用模式是IPD模式,即把建设单位、设计单位、施工单位及材料设备供应商等集合在一起,各方基于BIM进行有效合作,优化建设工程的各个阶段,减少浪费,实现建设工程效益最大化,进而促进基于BIM的全过程造价管理的顺利实施。IPD模式在建设工程中收到了很好的效果,然而即使在国外,也是通过长期的摸索,最终形成了相应的制度及合约模板,才使得IPD的推广应用成为可能。将BIM引入我国建筑业中,IPD是一个很好的可供借鉴的应用模式,然而由于我国当前的建筑工程市场仍不成熟、相应的制度仍不完善、与国外的应用环境差别较大,因此,IPD模式在我国的应用及推广也会面临很多问题。

上篇
建筑工程计量

1 算量基础知识

通过本章的学习,你将能够:
(1)掌握软件算量的基本原理;
(2)掌握软件算量的操作流程;
(3)掌握软件绘图的操作要点;
(4)能够正确识读建筑施工图和结构施工图。

1.1 软件算量的基本原理

通过本节的学习,你将能够:
掌握软件算量的基本原理。

建筑工程量的计算是一项工作量大且繁重的工作,工程量计算的算量工具也随着信息化技术的发展,经历了算盘、计算器、计算机表格、计算机建模几个阶段,如图1.1所示,现在我们采用的就是通过建筑模型进行工程量的计算。

图1.1

目前,建筑设计输出的图纸绝大多数是采用二维设计的,提供建筑的平、立、剖面图纸,对建筑物进行表达。而建模算量则是将建筑平、立、剖面图结合,建立建筑的三维空间模型。模型的正确建立则可以准确地表达各类构件之间的空间位置关系,土建算量软件则按内置计算规则计算各类构件的工程量,构件之间的扣减关系则根据模型由程序内置的扣减规则进行处理,从而准确计算出各类构件的工程量。为方便工程量的调用,将工程量以代码的方式提供,在套用清单与定额时可以直接套用,如图1.2所示。

使用土建算量软件进行工程量计算,已经从手工计算的大量书写与计算转化为建立建筑模型。无论用手工算量还是软件算量,都有一个基本的要求,那就是知道算什么,如何算。知道算什么,是做好算量工作的第一步,也就是业务关,手工算量、软件算量只是采用了不同的手段而已。

软件算量的重点:一是快速地按照图纸的要求,建立建筑模型;二是将算出来的工程量和工程量清单与定额进行关联;三是掌握特殊构件的处理及灵活应用。

图1.2

1.2 软件算量操作

通过本节的学习,你将能够:
掌握软件算量的基本操作流程。

在进行实际工程的绘制和计算时,GTJ相对以往的GCL与GGJ来说,在操作上有很多相同的地方,但在流程上更有逻辑性,也更简便。大体流程如图1.3所示。

图1.3

1）分析图纸

拿到图纸后应先分析图纸，熟悉工程建筑结构图纸说明，正确识读图纸。

2）新建工程/打开文件

启动软件后，会出现新建工程的界面，用鼠标左键单击即可，如果已有工程文件，单击打开文件即可，详细步骤见"2.1 新建工程"部分内容。

3）工程设置

工程设置包括基本设置、土建设置和钢筋设置三大部分。在基本设置中可以进行工程信息和楼层设置；在土建设置中可以进行计算设置和计算规则设置；在钢筋设置中可以进行计算设置、比重设置、弯钩设置、损耗设置和弯曲调整值设置。

4）建立模型

建立模型有两种方式：第一种是通过CAD识别，第二种是通过手工绘制。CAD识别包括识别构件和识别图元。手工绘制包括定义属性、套用做法及绘制图元。在建模过程中，可以通过建立轴网→建立构件→设置属性/做法套用→绘制构件完成建模。轴网的创建可以为整个模型的创建确定基准，建立构件包括柱、墙、门窗洞、梁、板、楼梯、装修、土方、基础等构件的创建。新创建出的构件需要设置属性，并进行做法套用，包括清单和定额项的套用。最后，在绘图区域将构件绘制到相应的位置即可完成建模。

5）云检查

模型绘制好后可以进行云检查，软件会从业务方面检查构件图元之间的逻辑关系。

6）汇总计算

云检查无误后，进行汇总计算，计算钢筋和土建工程量。

7）查量

汇总计算后，查看钢筋和土建工程量，包括查看钢筋三维显示、钢筋及土建工程量的计算式。

8）查看报表

最后是查看报表，包括钢筋报表和土建报表。

【说明】

在进行构件绘制时，针对不同的结构类型，采用不同的绘制顺序，一般为：

剪力墙结构：剪力墙→门窗洞→暗柱/端柱→暗梁/连梁。

框架结构：柱→梁→板→砌体墙部分。

砖混结构：砖墙→门窗洞→构造柱→圈梁。

软件做工程的处理流程一般为：

先地上、后地下：首层→二层→三层→……→顶层→基础层。

先主体、后零星：柱→梁→板→基础→楼梯→零星构件。

1.3 软件绘图学习的重点——点、线、面的绘制

通过本节的学习,你将能够:
掌握软件绘图的重点。

GTJ主要是通过绘图建立模型的方式来进行工程量的计算,构件图元的绘制是软件使用中的重要部分。对绘图方式的了解是学习软件算量的基础,下面概括介绍软件中构件的图元形式和常用的绘制方法。

1)构件图元的分类

工程实际中的构件按照图元形状可以分为点状构件、线状构件和面状构件。

①点状构件包括柱、门窗洞口、独立基础、桩、桩承台等。

②线状构件包括梁、墙、条基等。

③面状构件包括现浇板、筏板等。

不同形状的构件,有不同的绘制方法。对于点状构件,主要是"点"画法;对于线状构件,可以使用"直线"画法和"弧线"画法,也可以使用"矩形"画法在封闭的区域绘制;对于面状构件,可以使用"直线"绘制边来围成面状图元的画法,也可以使用"弧线"画法及"点"画法。

下面主要介绍一些最常用的"点"画法和"直线"画法。

2)"点"画法和"直线"画法

(1)"点"画法

"点"画法适用于点状构件(如柱)和部分面状构件(如现浇板),其操作方法如下:

①在"构件工具条"选择一种已经定义的构件,如KZ-1,如图1.4所示。

图1.4

②在"建模"选项卡下的"绘图"面板中选择"点",如图1.5所示。

图1.5

③在绘图区,用鼠标左键单击一点作为构件的插入点,完成绘制。

(2)"直线"画法

"直线"画法主要用于线状构件(如梁和墙),当需要绘制一条或多条连续直线时,可以采用绘制"直线"的方式,其操作方法如下:

①在"构件工具条"中选择一种已经定义好的构件,如墙QTQ-1。

②在"建模"选项卡下的"绘图"面板中选择"直线"，如图1.6所示。

图1.6

③用鼠标点取第一点，再点取第二点即可画出一道墙，再点取第三点，就可以在第二点和第三点之间画出第二道墙，以此类推。这种画法是系统默认的画法。当需要在连续画的中间从一点直接跳到一个不连续的地方时，请单击鼠标右键临时中断，然后再到新的轴线交点上继续点取第一点开始连续画图，如图1.7所示。

图1.7

1.4 建筑施工图

通过本节的学习，你将能够：
（1）熟悉建筑设计总说明的主要内容；
（2）熟悉建筑施工图及其详图的重要信息。

对于房屋建筑土建施工图纸，大多数分为建筑施工图和结构施工图。建筑施工图纸大多由总平面布置图、建筑设计说明、各层平面图、立面图、剖面图、节点详图、楼梯详图等组成。下面就这些分类结合《1号办公楼施工图（含土建和安装）》分别对其功能、特点逐一介绍。

1）总平面布置图

（1）概念

建筑总平面布置图表明新建房屋所在基础有关范围内的总体布置，它反映新建、拟建、原有和拆除的房屋、构筑物等的位置和朝向，室外场地、道路、绿化等的布置，地形、地貌、标高等以及原有环境的关系和邻界情况等。建筑总平面图也是房屋及其他设施施工的定位、土方施工以及绘制水、暖、电等管线总平面图和施工总平面图的依据。

（2）对编制工程预算的作用

①结合拟建建筑物位置，确定塔吊的位置及数量。

②结合场地总平面位置情况，考虑是否存在二次搬运。

③结合拟建工程与原有建筑物的位置关系，考虑土方支护、放坡、土方堆放调配等问题。

④结合拟建工程构件之间的关系，综合考虑建筑物的共有构件等问题。

2）建筑设计说明

（1）概念

建筑设计说明是对拟建建筑物的总体说明。

（2）包含的主要内容

①建筑施工图目录。

②设计依据：设计所依据的标准、规定、文件等。

③工程概况：内容一般应包括建筑名称、建设地点、建设单位、建筑面积、建筑基底面积、建筑工程等级、设计使用年限、建筑层数和建筑高度、防火设计建筑分类和耐火等级，人防工程防护等级、屋面防水等级、地下室防水等级、抗震设防烈度等，以及能反映建筑规模的主要技术经济指标，如住宅的套型和套数（包括每套的建筑面积、使用面积、阳台建筑面积，房间的使用面积可在平面图中标注）、旅馆的客房间数和床位数、医院的门诊人次和住院部的床位数、车库的停车泊位数等。

④建筑物定位及设计标高、高度。

⑤图例。

⑥用料说明和室内外装修。

⑦对采用新技术、新材料的做法说明及对特殊建筑造型和必要建筑构造的说明。

⑧门窗表及门窗性能（防火、隔声、防护、抗风压、保温、空气渗透、雨水渗透等）、用料、颜色、玻璃、五金件等的设计要求。

⑨幕墙工程（包括玻璃、金属、石材等）及特殊的屋面工程（包括金属、玻璃、膜结构等）的性能及制作要求，平面图、预埋件安装图等，以及防火、安全、隔声构造。

⑩电梯（自动扶梯）选择及性能说明（功能、载重量、速度、停站数、提升高度等）。

⑪墙体及楼板预留孔洞需封堵时的封堵方式说明。

⑫其他需要说明的问题。

3）各层平面图

（1）综述

在窗台上边用一个水平剖切面将房子水平剖开，移去上半部分，从上向下透视它的下半部分，可看到房子的四周外墙和墙上的门窗、内墙和墙上的门，以及房子周围的散水、台阶等。将看到的部分都画出来，并注上尺寸，就是平面图。

（2）编制预算时需思考的问题

①地下 n 层平面图：

a.注意地下室平面图的用途，地下室墙体的厚度及材质。（结合"建筑设计说明"）

b.注意进入地下室的渠道。（是与其他邻近建筑地下室连通？还是本建筑物地下室独立？进入地下室的楼梯在什么位置？）

c.注意图纸下方对此楼层的特殊说明。

②首层平面图：

a.通看平面图，是否存在对称的情况？

b.台阶、坡道的位置在哪里？台阶挡墙的做法是否有节点引出？台阶的构造做法采用哪本图集？坡道的位置在哪里？坡道的构造做法采用哪本图集？坡道栏杆的做法是什么？（台阶、坡道的做法有时也在"建筑设计说明"中明确）

c.散水的宽度是多少？做法采用的图集号是多少？（散水做法有时也在"建筑设计说明"中明确）

d.首层的大门、门厅位置在哪里？（与二层平面图中雨篷相对应）

e.首层墙体的厚度是多少？材质是什么？砌筑有什么要求？（可结合"建筑设计说明"对照来读）

f.是否有节点详图引出标志？（如有节点引出标志，则需对照相应节点号找到详图，以帮助全面理解图纸）

g.注意图纸下方对此楼层的特殊说明。

③二层平面图：

a.是否存在平面对称或户型相同的情况？

b.雨篷的位置在哪里？（与首层大门位置一致）

c.二层墙体的厚度是多少？材质是什么？砌筑有什么要求？（可结合"建筑设计说明"对照来读）

d.是否有节点详图引出标志？（如有节点引出标志，则需对照相应节点号找到详图，以帮助全面理解图纸）

e.注意图纸下方对此楼层的特殊说明。

④其他层平面图：

a.是否存在平面对称或户型相同的情况？

b.当前层墙体的厚度是多少？材质是什么？砌筑有什么要求？（可结合"建筑设计说明"对照来读）

c.是否有节点详图引出标志？（如有节点详图引出标志，则需对照相应节点号找到详图，以帮助全面理解图纸）

d.注意当前楼层与其他楼层平面的异同，并结合立面图、详图、剖面图综合理解。

e.注意图纸下方对此楼层的特殊说明。

⑤屋面平面图：

a.屋面结构板顶标高是多少？（结合层高、相应位置结构层板顶标高来读）

b.屋面女儿墙顶标高是多少？（结合屋面板顶标高计算出女儿墙高度）

c.查看屋面女儿墙详图。（理解女儿墙造型、压顶造型等信息）

d.屋面的排水方式是什么?落水管位置及根数是多少?（结合"建筑设计说明"中关于落水管的说明来理解）

e.注意屋面造型平面形状，并结合相关详图理解。

f.注意屋面楼梯间的信息。

4)立面图

从建筑的正面看,将可看到的建筑正立面形状、门窗、外墙裙、台阶、散水、挑檐等都画出来,即形成建筑立面图。

5)剖面图

剖面图的作用是对无法在平面图及立面图上表述清楚的局部剖切,以表述清楚建筑内部的构造,从而补充说明平面图、立面图所不能显示的建筑物内部信息。

6)楼梯详图

楼梯详图由楼梯剖面图、平面图组成。由于平面图、立面图只能显示楼梯的位置,而无法清楚显示楼梯的走向、踏步、标高、栏杆等细部信息,因此设计中一般把楼梯用详图表达。

7)节点详图

（1）表示方法

为了补充说明建筑物细部的构造,从建筑物的平面图、立面图中特意引出需要说明的部位,对相应部位作进一步详细描述就构成了节点详图。下面就节点详图的表示方法作简要说明。

①被索引的详图在同一张图纸内，如图1.8所示。

图1.8

②被索引的详图不在同一张图纸内，如图1.9所示。

图1.9

③被索引的详图参见图集，如图1.10所示。

图1.10

④索引的剖视详图在同一张图纸内，如图1.11所示。

图1.11

⑤索引的剖视详图不在同一张图纸内，如图1.12所示。

图1.12

（2）编制预算时需注意的问题

①墙身节点详图：

a.墙身节点详图底部：查看关于散水、排水沟、台阶、勒脚等方面的信息，对照散水宽度是否与平面图一致?参照的散水、排水沟图集是否明确?（图集有时在平面图或"建筑设计说明"中明确）

b.墙身节点详图中部：了解墙体各个标高处外装修、外保温信息；理解外窗中关于窗台板、窗台压顶等信息；理解关于圈梁位置、标高的信息。

c.墙身节点详图顶部：理解相应墙体顶部关于屋面、阳台、露台、挑檐等位置的构造信息。

②飘窗节点详图：理解飘窗板的标高、生根等信息；理解飘窗板内侧是否需要保温等信息。

③压顶节点详图：了解压顶的形状、标高、位置等信息。

④空调板节点详图：了解空调板的立面标高、生根的信息；了解空调板栏杆（或百叶）的高度及位置信息。

⑤其他详图。

1.5 结构施工图

通过本节的学习,你将能够:
(1)熟悉设计总说明的主要内容;
(2)熟悉结构施工图及其详图的重要信息。

结构施工图纸一般包括图纸目录、结构设计总说明、基础平面图及其详图、墙柱定位图、各层结构平面图(模板图、板配筋图、梁配筋图)、墙柱配筋图及其留洞图、楼梯及其他构筑物详图(水池、坡道、电梯机房、挡土墙等)。

对造价工作者来讲,结构施工图主要是计算混凝土、模板、钢筋等工程量,进而计算其造价,而为了计算这些工程量,还需要了解建筑物的钢筋配置、摆放信息,需要了解建筑物的基础及其垫层、墙、梁、板、柱、楼梯等的混凝土强度等级、截面尺寸、高度、长度、厚度、位置等信息,预算角度也需要着重从这些方面加以详细阅读。下面结合《1号办公楼施工图(含土建和安装)》分别对其功能、特点逐一介绍。

1)结构设计总说明

(1)主要内容
①工程概况:建筑物的位置、面积、层数、结构抗震类别、设防烈度、抗震等级、建筑物合理使用年限等。
②工程地质情况:土质情况、地下水位等。
③设计依据。
④结构材料类型、规格、强度等级等。
⑤分类说明建筑物各部位设计要点、构造及注意事项等。
⑥需要说明的隐蔽部位的构造详图,如后浇带加强、洞口加强筋、锚拉筋、预埋件等。
⑦重要部位图例等。
(2)编制预算时需注意的问题
①建筑物抗震等级、设防烈度、檐高、结构类型等信息,作为钢筋搭接、锚固的计算依据。
②土质情况,作为针对土方工程组价的依据。
③地下水位情况,考虑是否需要采取降排水措施。
④混凝土强度等级、保护层等信息,作为查套定额、计算钢筋的依据。
⑤钢筋接头的设置要求,作为计算钢筋的依据。
⑥砌体构造要求,包括构造柱、圈梁的设置位置及配筋、过梁的参考图集、砌体加固钢筋的设置要求或参考图集,作为计算圈梁、构造柱、过梁的工程量及钢筋量的依据。
⑦砌体的材质及砌筑砂浆要求,作为套砌体定额的依据。
⑧其他文字性要求或详图,有时不在结构平面图纸中画出,但应计算其工程量,举例

如下：

  a.现浇板分布钢筋；

  b.施工缝止水带；

  c.次梁加筋、吊筋；

  d.洞口加强筋；

  e.后浇带加强钢筋等。

  2)基础平面图及其详图

  编制预算时需注意的问题：

  ①基础类型是什么?决定查套的子目。例如，需要注意去判断是有梁式条基还是无梁式条基?

  ②基础详图情况，帮助理解基础构造，特别注意基础标高、厚度、形状等信息，了解在基础上生根的柱、墙等构件的标高及插筋情况。

  ③注意基础平面图及详图的设计说明，有些内容是不画在平面图上的，而是以文字的形式表现。

  3)柱子平面布置图及柱表

  编制预算时需注意的问题：

  ①对照柱子位置信息(b边、h边的偏心情况)及梁、板、建筑平面图柱的位置,从而理解柱子作为支座类构件的准确位置,为以后计算梁、墙、板等工程量做准备。

  ②柱子不同标高部位的配筋及截面信息(常以柱表或平面标注的形式出现)。

  ③特别注意柱子生根部位及高度截止信息,为理解柱子高度信息做准备。

  4)梁平面布置图

  编制预算时需注意的问题：

  ①结合剪力墙平面布置图、柱平面布置图、板平面布置图综合理解梁的位置信息。

  ②结合柱子位置，理解梁跨的信息，进一步理解主梁、次梁的概念及在计算工程量过程中的次序。

  ③注意图纸说明，捕捉关于次梁加筋、吊筋、构造钢筋的文字说明信息，防止漏项。

  5)板平面布置图

  编制预算时需注意的问题：

  ①结合图纸说明，阅读不同板厚的位置信息。

  ②结合图纸说明，理解受力筋范围信息。

  ③结合图纸说明，理解负弯矩钢筋的范围及其分布筋信息。

  ④仔细阅读图纸说明，捕捉关于洞口加强筋、阳角加筋、温度筋等信息，防止漏项。

  6)楼梯结构详图

  编制预算时需注意的问题：

  ①结合建筑平面图，了解不同楼梯的位置。

  ②结合建筑立面图、剖面图,理解楼梯的使用性能(举例:1#楼梯仅从首层通至3层,2#

楼梯从负1层可以通往18层等）。

③结合建筑楼梯详图及楼层的层高、标高等信息，理解不同踏步板的数量、休息平台、平台的标高及尺寸。

④结合图纸说明及相应踏步板的钢筋信息，理解楼梯钢筋的布置状况，注意分布筋的特殊要求。

⑤结合详图及位置，阅读梯板厚度、宽度及长度，平台厚度及面积，楼梯井宽度等信息，为计算楼梯实际混凝土体积做准备。

1.6 图纸修订说明

鉴于建筑装饰部分工程做法存在地域性差异，且对工程造价影响较大，现将本工程图纸设计中的工程做法部分，根据福建省采用的现行标准，结合福建省当地实际情况进行修订，主要采用13J502标准图集，结合05J909工程做法，内容见表1.1。

表1.1 工程做法明细表

一、室外装修设计				
部位	图集号	名称	用料及做法	备注
屋面1	05J909 P299-WM11-屋2 防水层 P295-Ⅱ11 保温层 P330-B1	混凝土保护层屋面（两道改性沥青卷材设防，有保温，上人）	(1)40 mm厚C20细石混凝土，配A6钢筋，双向中距150 mm，钢筋网片绑扎 (2)10 mm厚M5水泥砂浆隔离层 (3)3 mm厚SBS改性沥青防水卷材 (4)1.5 mm厚双面自黏型防水卷材 (5)20 mm厚1:3水泥砂浆找平层 (6)35 mm厚聚苯乙烯泡沫板 (7)最薄处30 mm厚LC5.0轻集料混凝土2%找坡层 (8)钢筋混凝土屋面板	上人屋面
屋面2	05J909 P303-WM15-屋15 防水层 P295-Ⅱ11 保温层 P330-B1	水泥砂浆保护层屋面（两道改性沥青卷材设防，有保温，不上人）	(1)20 mm厚1:3水泥砂浆面层 (2)10 mm厚M5水泥砂浆隔离层 (3)3 mm厚SBS改性沥青防水卷材 (4)1.5 mm厚双面自黏型防水卷材 (5)20 mm厚1:3水泥砂浆找平层 (6)35 mm厚聚苯乙烯泡沫板 (7)最薄处30 mm厚LC5.0轻集料混凝土2%找坡层 (8)钢筋混凝土屋面板	不上人屋面

续表

部位	图集号	名称	用料及做法	备注
外墙1	05J909 P62-WQ14-外墙18C	陶瓷饰面砖墙面（混凝土砌块墙）	（1）1:1水泥砂浆（细砂）勾缝 （2）贴10 mm厚外墙饰面砖，在砖粘贴面上随贴随涂刷一道混凝土 （3）6 mm厚1:2.5水泥砂浆（掺建筑胶） （4）刷素水泥浆一道（内掺重5%的建筑胶） （5）5 mm厚1:3水泥砂浆打底扫毛 （6）刷聚合物水泥浆一道 （7）外墙外保温聚苯乙烯板厚度50 mm	
外墙2	05J909 P68-WQ20-外墙25 结合设计	干挂大理石墙面（加气混凝土砌块墙）	（1）25 mm厚大理石板，上下边钻销孔，长方形板横排时钻2个孔，竖排时钻1个孔，孔径ϕ5，安装时孔内先填云石胶，再插入ϕ4不锈钢销钉，固定在4 mm厚不锈钢板石板托件上，石板两侧开4 mm宽、80 mm高的凹槽，填胶后，用4 mm厚、50 mm宽的燕尾不锈钢板勾住石板（燕尾钢板各勾住一块石板），石板四周接缝宽6～8 mm，用弹性密封膏封严钢板托和燕尾钢板，M5螺栓固定在竖向角钢龙骨上 （2）∟50×50×5横向角钢龙骨（根据石板大小调整角钢尺寸）中距为石板高度+缝宽 （3）∟60×60×6竖向角钢龙骨（根据石板大小调整角钢尺寸）中距为石板宽度+缝宽 （4）角钢龙骨焊在墙内预埋伸出的角钢头上或在墙内预埋钢板，然后用角钢焊接竖向角钢龙骨 （5）外墙外保温聚苯乙烯板厚度50 mm	
外墙3	05J909 P57-WQ9-外墙9C P347-外涂1	喷（刷）涂料墙面（加气混凝土砌块墙）	（1）喷（刷）外墙涂料（一底二面） （2）12 mm厚1:2.5水泥砂浆找平 （3）刷素水泥浆一道（内掺水重5%的建筑胶） （4）5 mm厚1:3水泥砂浆打底扫毛 （5）刷聚合物水泥浆一道 （6）外墙外保温聚苯乙烯板厚度50 mm	
外墙4	玻璃幕墙	15-236	铝合金玻璃幕墙玻璃分格1050 mm×1600 mm明框	
外墙5	05J909 P53-WQ5-外墙4A	水泥砂浆墙面（砖墙）	（1）6 mm厚1:2.5水泥砂浆面层 （2）12 mm厚1:3水泥砂浆打底扫毛	
散水	05J909-P32-散1B 结合设计	混凝土散水	（1）60 mm厚C15混凝土撒1:1水泥砂子，压实赶光 （2）150 mm厚3:7灰土垫层，宽出面层300 mm （3）素土夯实向外坡4%	

部位	图集号	名称	用料及做法	备注
台阶	05J909-P22-台9B结合设计	薄板石材（花岗岩板）面层台阶	(1)20 mm厚花岗岩面层,稀水泥浆擦缝 (2)撒素水泥面 (3)30 mm厚1:3干硬性水泥砂浆结合层,向外坡1% (4)水泥浆一道 (5)100 mm厚C15混凝土 (6)300 mm厚3:7灰土垫层分两层夯实 (7)素土夯实	
二、室内装修设计				
地面1	13J502-3 P17Ⓑ结合05J909 P95-地17A做法	磨光大理石板地面	(1)20 mm厚大理石板,水泥浆擦缝 (2)30 mm厚1:3干硬性水泥砂浆结合层,表面撒水泥粉 (3)水泥浆一道(内掺建筑胶) (4)60 mm厚C15混凝土垫层 (5)素土夯实	
地面2	13J502-3 P22Ⓓ结合05J909 P91-地13A做法	防滑砖地面	(1)10 mm厚防滑地砖,干水泥擦缝 (2)25 mm厚1:3干硬性水泥砂浆结合层,表面撒水泥粉 (3)1.5 mm厚聚氨酯涂膜防水层 (4)最薄处30 mm厚1:3找坡层,坡向地漏,一次抹平 (5)水泥浆一道(内掺建筑胶) (6)60 mm厚C15混凝土垫层 (7)素土夯实	
地面3	13J502-3 P22Ⓑ结合05J909 P90-地12A做法	地砖地面	(1)10 mm厚地砖,干水泥擦缝 (2)25 mm厚1:3干硬性水泥砂浆结合层,表面撒水泥粉 (3)水泥浆一道(内掺建筑胶) (4)60 mm厚C15混凝土垫层 (5)素土夯实	
地面4	13J502-3 P12Ⓑ结合05J909 P79-地1A做法	水泥砂浆地面	(1)20 mm厚1:2.5水泥砂浆 (2)水泥浆一道(内掺建筑胶) (3)60 mm厚C15混凝土垫层 (4)素土夯实	
楼面1	13J502-3 P22Ⓐ结合05J909 P90-LD15-楼12A做法	地砖楼面	(1)10 mm厚地砖,干水泥擦缝 (2)25 mm厚1:3干硬性水泥砂浆结合层,表面撒水泥粉 (3)水泥浆一道(内掺建筑胶) (4)现浇钢筋混凝土楼板	

续表

部位	图集号	名称	用料及做法	备注
楼面2	13J502-3 P22ⒸＣ结合05J909 P91-楼13A做法	防滑砖楼面	(1)10 mm厚防滑地砖，干水泥擦缝 (2)25 mm厚1:3干硬性水泥砂浆结合层，表面撒水泥粉 (3)1.5 mm厚聚氨酯涂膜防水层 (4)最薄处30 mm厚1:3找坡层，坡向地漏，一次抹平 (5)水泥浆一道（内掺建筑胶） (6)现浇钢筋混凝土楼板	
楼面3	13J502-3 P17Ⓑ结合05J909 P95-楼17A做法	磨光大理石楼面	(1)20 mm厚大理石板，水泥浆擦缝 (2)30 mm厚1:3干硬性水泥砂浆结合层，表面撒水泥粉 (3)水泥浆一道（内掺建筑胶） (4)现浇钢筋混凝土楼板	
楼面4	13J502-3 P12Ⓒ结合05J909 P79-楼1A做法	水泥砂浆楼面	(1)20 mm厚1:2.5水泥砂浆 (2)水泥浆一道（内掺建筑胶） (3)钢筋混凝土楼板	
踢脚1	05J909 P176-TJ8-踢5C	铺地砖踢脚 （加气混凝土砌块墙）	(1)10 mm厚地砖踢脚，稀水泥浆擦缝 (2)9 mm厚1:2水泥砂浆黏结层（内掺建筑胶） (3)素水泥浆一道（内掺建筑胶）	
踢脚2	05J909 P178-TJ10-踢6D	大理石板踢脚 （加气混凝土砌块墙）	(1)15 mm厚大理石板，稀水泥浆擦缝 (2)10 mm厚水泥砂浆黏结层（内掺建筑胶） (3)界面剂一道（甩前用水喷湿墙面）	
踢脚3	05J909 P170-TJ2-踢1C	水泥砂浆踢脚 （加气混凝土砌块墙）	(1)6 mm厚1:2.5水泥砂浆抹面压实赶光 (2)素水泥浆一道 (3)8 mm厚1:3水泥砂浆打底划出纹道 (4)素水泥浆一道（内掺建筑胶）	
墙裙1	05J909 P212-NQ23-裙12D	大理石墙裙 （加气混凝土砌块墙）	(1)稀水泥浆擦缝 (2)10 mm厚大理石板，正背面及四周边满涂防污剂 (3)6 mm厚1:0.5:2.5水泥石灰膏砂浆压实抹平 (4)6 mm厚1:1:6水泥石灰膏砂浆打底扫毛 (5)专用界面剂一道甩毛（甩前先喷湿墙面）	
内墙面1	13J502-1-D09 P35③结合05J909 P194-NQ5-内墙3D做法	水泥砂浆墙面 （加气混凝土砌块墙）	(1)刷(喷)内墙涂料（一底二面） (2)15 mm厚1:2.5石灰膏砂浆打底分层抹平 (3)专用界面剂一道甩毛（甩前喷湿墙面）	

续表

部位	图集号	名称	用料及做法	备注
内墙面2	13J502-1-E07 P72②结合05J909 P217-NQ28-内墙 15D1做法	釉面砖(瓷砖)墙面(瓷砖规格300 mm×300 mm)(加气混凝土砌块墙)	(1)白水泥擦缝 (2)5 mm厚釉面砖(贴前充分浸湿) (3)5 mm厚1:2建筑胶水泥砂浆黏结层 (4)刷素水泥浆一道 (5)6 mm厚1:0.5:2.5水泥石灰膏砂浆打底扫毛 (6)8 mm厚1:1:6水泥石灰膏砂浆打底扫毛 (7)界面剂一道甩毛 (8)喷湿墙面	
天棚1	05J909 P265-DP5-棚4A1	板底抹灰刮腻子顶棚(现浇混凝土楼板)	(1)面浆(或涂料)饰面两遍 (2)2 mm厚面层耐水腻子刮平 (3)3 mm厚底基防裂腻子分遍找平 (4)5 mm厚1:0.5:3水泥石灰膏砂浆打底 (5)素水泥一道甩毛(内掺建筑胶)	
吊顶1	05J909 P279-DP19-棚35C	铝合金条板吊顶(混凝土板下双层U形轻钢龙骨基层)	(1)铝合金条板与配套专用龙骨固定 (2)与铝合金条板配套的专用龙骨间距≤1200 mm,用吊件与承载龙骨固定 (3)轻钢承载龙骨C60,间距≤1200 mm,用吊件与钢筋吊杆联结后找平 (4)10号镀锌低碳钢丝吊杆,双向中距≤1200 mm,吊杆上部与板底预留吊环(勾)固定 (5)现浇混凝土板底预留φ10钢筋吊环(勾),双向中距≤1200 mm(预制板可在板缝内预留吊环)	
吊顶2	13J502-2-B17 P76明架(半明架)矿棉板吊顶 05J909 P273-DP13-棚25C2	矿棉吸声板吊顶(混凝土板下双层U形轻钢龙骨纸面石膏板基层)	(1)错缝粘贴第二层板材,规格592 mm×592 mm×d。 (2)9 mm厚矿棉吸声板用专用黏结剂粘贴 (3)U形轻钢覆面横撑龙骨CB60×27,间距1200 mm,用挂件与次龙骨连接 (4)U形轻钢覆面次龙骨CB60×27,间距400 mm,用挂件与承载龙骨连接 (5)U形轻钢承载龙骨CB60×27,间距≤1200 mm,用吊件与钢筋吊杆连接后找平 (6)φ6钢筋吊杆,双向中距≤1200 mm,吊杆上部与预留钢筋吊环固定 (7)现浇混凝土板底预留φ8钢筋吊环(勾),双向中距≤1200 mm	

2 建筑工程量计算准备工作

通过本章的学习,你将能够:
(1)正确选择清单与定额规则,以及相应的清单库和定额库;
(2)正确选择钢筋规则;
(3)正确设置室内外高差输入工程信息;
(4)正确定义楼层及统一设置各类构件混凝土强度等级;
(5)正确进行工程量计算设置;
(6)按图纸定义绘制轴网。

2.1 新建工程

通过本节的学习,你将能够:
(1)正确选择清单与定额规则,以及相应的清单库和定额库;
(2)正确选择钢筋规则;
(3)区分做法模式。

一、任务说明
根据《1号办公楼施工图(含土建和安装)》,在软件中完成新建工程的各项设置。

二、任务分析
①清单与定额规则及相应的清单库和定额库都是做什么用的?
②清单规则和定额规则如何选择?
③钢筋规则如何选择?

三、任务实施

1)分析图纸

在新建工程前,应先分析图纸中的"结构设计总说明(一)"。"四、本工程设计遵循的标准、规范和规程"中第6条《混凝土结构施工图平面整体表示方法制图规则和构造详图》

16G101—1,2,3,软件算量要依照此规定。

2)新建工程

①在分析图纸、了解工程的基本概况之后,启动软件,进入软件界面"新建工程",如图2.1所示。

图2.1

②用鼠标左键单击界面上的"新建工程",进入新建工程界面,输入各项工程信息。

工程名称:按工程图纸名称输入,保存时会作为默认的文件名。本工程名称输入为"1号办公楼"。

计算规则:如图2.2所示。

平法规则:选择"16系平法规则"。

单击"创建工程",完成工程的新建。

图2.2

四、任务结果

任务结果如图2.2所示。

2.2 工程设置

通过本节的学习，你将能够：

（1）正确进行工程信息输入；

（2）正确进行工程计算设置。

一、任务说明

根据《1号办公楼施工图（含土建和安装）》，在软件中完成新建工程的各项设置。

二、任务分析

①软件中，新建工程的各项设置都有哪些？

②如何查询室外地坪标高的设置？

三、任务实施

创建工程后，进入软件界面，如图2.3所示，分别对基本设置、土建设置、钢筋设置进行修改。

图2.3

1）基本设置

首先对基本设置中的工程信息进行修改，单击"工程信息"，出现如图2.4所示的界面。

蓝色字体部分需要填写，黑色字体所示信息只起标识作用，可以不填，不影响计算结果。

由图纸结施-01（1）可知：结构类型为框架结构；抗震设防烈度为7度；框架抗震等级为三级。

由图纸建施-09可知：室外地坪相对±0.000标高为-0.45 m。

檐高：14.85 m（设计室外地坪到屋面板板顶的高度为14.4 m+0.45 m=14.85 m）。

图 2.4

【注意】

　　①常规的抗震等级由结构类型、设防烈度、檐高3项确定。

　　②若设计中已知抗震等级,可直接填写抗震等级,不必填写结构类型、设防烈度、檐高3项。

　　填写信息如图2.5所示。

图 2.5

2）土建设置

土建规则在前面"创建工程"时已选择，此处不需要修改。

3）钢筋设置

①"计算设置"修改，如图2.6所示。

图2.6

a.修改梁计算设置：结施-05中说明"4.主次梁交接处，主梁内次梁两侧按右图各附加3组箍筋，间距50 mm，直径同主梁箍筋"。

单击"框架梁"，修改"26.次梁两侧共增加箍筋数量为6"，如图2.7所示。单击"非框架梁"，作同样修改。

图2.7

b.修改板计算设置：结施-01(2)左上角(7)板内分布钢筋，除注明者外，见表2.1。

表2.1　板内分布钢筋

楼板厚度(mm)	≤110	120～160
分布钢筋配置	φ6@200	φ8@200

单击"板"，修改"3.分布钢筋配置"为"同一板厚的分布筋相同"，如图2.8所示，单击"确定"即可。

图2.8

查看各层板结构施工图，"跨板受力筋标注长度位置"为"支座外边线"，"板中间支座负筋标注是否含支座"为"否"，"单边标注支座负筋标注长度位置"为"支座内边线"，修改后如图2.9所示。

板	20	跨中板带下部受力筋伸入支座的长度	max(ha/2,12*d)
基础	21	跨中板带上部受力筋伸入支座的长度	0.6*Lab+15*d
基础主梁／承台梁	22	柱上板带受力筋根数计算方式	向上取整+1
	23	跨中板带受力筋根数计算方式	向上取整+1
基础次梁	24	柱上板带/板带暗梁的箍筋起始位置	距柱边50 mm
砌体结构	25	柱上板带/板带暗梁的箍筋加密长度	3*h
	26	跨板受力筋标注长度位置	支座外边线
其他	27	柱上板带暗梁部位是否扣除平行板带	是
	28	□ 负筋	
	29	单标注负筋锚入支座的长度	能直锚就直锚,否则按公式计算:ha-bhc+15*d
	30	板中间支座负筋标注是否含支座	否
	31	单边标注支座负筋标注长度位置	支座内边线

图2.9

②"搭接设置"修改。结施-01(1)中，"八、钢筋混凝土结构构造　2.钢筋接头形式及要求　(1)框架梁、框架柱　当受力钢筋直径≥16 mm时，采用直螺纹机械连接，接头性能等级为一级；当受力钢筋直径<16 mm时，可采用绑扎搭接"。单击并修改"搭接设置"，如图2.10所示。

图2.10

钢筋定尺长度默认值与定额的计算规则取值相同，不修改。

③比重设置修改：单击"比重设置"，进入"比重设置"界面。将直径为6.5 mm的钢筋比重复制到直径为6 mm的钢筋比重中，如图2.11所示。

图2.11

【注意】

市面上直径6 mm的钢筋较少，一般采用直径6.5 mm的钢筋。

其余不需要修改。

四、任务结果

见以上各图。

2.3 新建楼层

通过本节的学习,你将能够:
(1)定义楼层;
(2)定义各类构件混凝土强度等级设置。

一、任务说明
根据《1号办公楼施工图(含土建和安装)》,在软件中完成新建工程的楼层设置。

二、任务分析
①软件中新建工程的楼层应如何设置?
②如何对楼层进行添加或删除?
③各层对混凝土强度等级、砂浆标号的设置,对哪些计算有影响?
④工程楼层的设置应依据建筑标高还是结构标高?两者区别是什么?
⑤基础层的标高应如何设置?

三、任务实施
1)分析图纸

层高的确定按照《1号办公楼施工图(含土建和安装)》结施-05中"结构层楼面标高表"建立,见表2.2。

表2.2 结构层楼面标高表

楼层	层底标高(m)	层高(m)
屋顶	14.4	
4	11.05	3.35
3	7.45	3.6
2	3.85	3.6
1	−0.05	3.9
−1	−3.95	3.9

2)建立楼层

(1)单击楼层设置(图2.12)

将鼠标定位到首层,单击"插入楼层",则插入地上楼层。将鼠标定位到基础层,单击"插入楼层",则插入地下室。楼层设置可按照楼层表修改层高。

①软件默认给出首层和基础层。

图 2.12

②首层的结构底标高输入为-0.05 m，层高输入为3.9 m，板厚本层最常用的为120 mm。用鼠标左键选择首层所在的行，单击"插入楼层"，添加第2层，2层高输入为3.6 m，最常用的板厚为120 mm。

③按照建立2层同样的方法，建立3层和4层，3层层高为3.6 m，4层层高为3.35 m。

④用鼠标左键选择基础层所在的行，单击"插入楼层"，添加地下一层，地下一层的层高为3.9 m。

⑤根据结施-03，5—5知，基础底标高为-1.6 m，故设基础层层高为2.35 m。

⑥根据建施-12，1—1剖面图知，屋面层层高为0.9 m。

修改层高后，如图2.13所示。

楼层设置

单项工程列表		楼层列表（基础层和标准层不能设置为首层。设置首层后，楼层编码自动变化，正数为地上层，负数为地下层，基础层编码固定为0）						
添加 删除		插入楼层 删除楼层	上移 下移					
1号办公楼	首层	编码	楼层名称	层高(m)	底标高(m)	相同层数	板厚(mm)	建筑面积(m2)
	☐	5	屋面层	0.9	14.4	1	120	(0)
	☐	4	第4层	3.35	11.05	1	120	(0)
	☐	3	第3层	3.6	7.45	1	120	(0)
	☐	2	第2层	3.6	3.85	1	120	(0)
	☑	1	首层	3.9	-0.05	1	120	(0)
	☐	-1	第-1层	3.9	-3.95	1	120	(0)
	☐	0	基础层	2.35	-6.3	1	500	(0)

图 2.13

（2）混凝土强度等级及保护层厚度修改

在结施-01（1）"七、主要结构材料"的"2.混凝土"中,混凝土强度等级见表2.3。

表2.3 混凝土强度等级

混凝土所在部位	混凝土强度等级	备注
基础垫层	C15	
独立基础、地梁	C30	
基础层~屋面主体结构:墙、柱、梁、板、楼梯	C30	
其余各结构构件:构造柱、过梁、圈梁等	C25	

在结施-01（1）" 八、钢筋混凝土结构构造"中,钢筋的混凝土保护层厚度信息如下:

基础钢筋:40 mm;梁:20 mm;柱:25 mm;板:15 mm。

【注意】

各部分钢筋的混凝土保护层厚度同时应满足不小于钢筋直径的要求。

分别修改各构件钢筋的混凝土强度等级、砂浆类型、保护层厚度后,如图2.14所示。

图2.14

在建施-01、结施-01（1）中提到砌块墙体、砖墙都为M5水泥砂浆砌筑,修改砂浆类型为水泥砂浆。保护层依据结施-01（1）说明依次修改即可。

首层修改完成后,单击左下角"复制到其他楼层",如图2.15所示。

选择其他所有楼层,单击"确定"按钮即可,如图2.16所示。最后,根据结施-01（3）完成负一层及基础层的修改。

图2.15

图2.16

四、任务结果

完成楼层设置，如图2.17所示。

图2.17

2.4　建立轴网

通过本节的学习,你将能够:
(1)按图纸定义轴网;
(2)对轴网二次编辑。

一、任务说明
根据《1号办公楼施工图(含土建和安装)》,在软件中完成轴网的建立。

二、任务分析
①建施与结施图中采用什么图的轴网最全面?
②轴网中上下开间、左右进深如何确定?

三、任务实施

1)建立轴网

楼层建立完毕后,切换到"绘图输入"界面。先建立轴网。施工时用放线来定位建筑物的位置,使用软件做工程时则是用轴网来定位构件的位置。

(1)分析图纸
由建施-03可知,该工程的轴网是简单的正交轴网,上下开间的轴距相同,左右进深的轴距也相同。

(2)轴网的定义
①切换到绘图输入界面后,选择导航树中的"轴线"→"轴网",单击鼠标右键,选择"定义"按钮,将软件切换到轴网的定义界面。
②单击"新建"按钮,选择"新建正交轴网",新建"轴网-1"。
③输入"下开间",在"常用值"下面的列表中选择要输入的轴距,双击鼠标左键即可添加到轴距中;或者在添加按钮下的输入框中输入相应的轴网间距,单击"添加"按钮或回车即可;按照图纸从左到右的顺序,"下开间"依次输入3300,6000,6000,7200,6000,6000,3300;因为上下开间轴距相同,所以上开间可以不输入轴距。
④切换到"左进深"的输入界面,按照图纸从下到上的顺序,依次输入左进深的轴距为2500,4700,2100,6900。修改轴号分别为Ⓐ,⓪,Ⓑ,Ⓒ,Ⓓ。因为左右进深的轴距相同,所以右进深可以不输入轴距。
⑤可以看到,右侧的轴网图显示区域已经显示了定义的轴网,轴网定义完成。

2)轴网的绘制

(1)绘制轴网
①轴网定义完毕后,单击"绘图"按钮,切换到绘图界面。
②弹出"请输入角度"对话框,提示用户输入定义轴网需要旋转的

图2.18

角度。本工程轴网为水平竖直方向的正交轴网,旋转角度按软件默认输入"0"即可,如图2.18所示。

③单击"确定"按钮,绘图区显示轴网,这样就完成了对本工程轴网的定义和绘制。

如果要将右进深、上开间轴号和轴距显示出来,在绘图区域,右键单击"修改轴号位置",按鼠标左键拉框选择所有轴线,按右键确定。选择"两端标注",然后单击"确定"按钮即可,如图2.19所示。

图2.19

（2）轴网的其他功能

①设置插入点：用于轴网拼接,可以任意设置插入点（不在轴线交点处或在整个轴网外都可以设置）。

②修改轴号和轴距：当检查到已经绘制的轴网有错误时,可以直接修改。

③软件提供了辅助轴线,用于构件辅轴定位。辅轴在任意界面都可以直接添加。辅轴主要有两点、平行、点角、圆弧。

四、任务结果

完成轴网,如图2.20所示。

图2.20

五、总结拓展

①新建工程中,主要确定工程名称、计算规则以及做法模式。蓝色字体的参数值影响工程量,按照图纸输入,其他信息只起标识作用。

②首层标记在楼层列表中的首层列,可以选择某一层作为首层。勾选后,该层作为首层,相邻楼层的编码自动变化,基础层的编码不变。

③底标高是指各层的结构底标高;软件中只允许修改首层的底标高,其他层底标高自动按层高反算。

④相同板厚是软件给的默认值,可以按工程图纸中最常用的板厚设置;在绘图输入新建板时,会自动默认取这里设置的数值。

⑤可以按照结构设计总说明对应构件选择混凝土强度等级和砂浆标号及类型、保护层厚度。对修改的砂浆标号及类型、保护层厚度,软件会以反色显示。在首层输入相应的数值完毕后,可以使用右下角的"复制到其他楼层"命令,把首层的数值复制到参数相同的楼层。各个楼层设置完成后,就完成了对工程楼层的建立,可以进入"绘图输入"进行建模计算。

⑥有关轴网的编辑、辅助轴线的详细操作,请查阅"帮助"菜单中的文字帮助→绘图输入→轴线。

⑦建立轴网时,输入轴距有两种方法:一种是常用的数值可以直接双击;另一种是常用值中没有的数据直接添加即可。

⑧当上下开间或者左右进深的轴距不一样时(即错轴),可以使用轴号自动生成功能将轴号排序。

⑨比较常用的建立辅助轴线的功能有:二点辅轴(直接选择两个点绘制辅助轴线)、平行辅轴(建立平行于任意一条轴线的辅助轴线)圆弧辅轴(可以通过选择3个点绘制辅助轴线)。

⑩在任何界面下都可以添加辅轴。轴网绘制完成后,就进入"绘图输入"部分。"绘图输入"部分可按照后面章节的流程进行。

3 首层工程量计算

通过本章的学习,你将能够:
(1)定义柱、墙、板、梁、门窗、楼梯等构件;
(2)绘制柱、墙、梁、板、门窗、楼梯等图元;
(3)掌握飘窗、过梁在GTJ软件中的处理方法;
(4)掌握暗柱、连梁在GTJ软件中的处理方法。

3.1 首层柱工程量计算

通过本节的学习,你将能够:
(1)依据定额和清单确定柱的分类和工程量计算规则;
(2)依据平法、定额和清单确定柱的钢筋类型及工程量计算规则;
(3)应用造价软件定义各种柱(如矩形柱、圆形柱、参数化柱、异形柱)的属性并套用做法;
(4)能够应用造价软件绘制本层柱图元;
(5)统计并核查本层柱的个数、土建及钢筋工程量。

一、任务说明
①完成首层各种柱的定义、做法套用及图元绘制。
②汇总计算,统计本层柱的土建及钢筋工程量。

二、任务分析
①各种柱在计量时的主要尺寸有哪些?从哪个图中的什么位置能够找到?有多少种柱?
②工程量计算中柱都有哪些分类?都套用什么定额?
③软件如何定义各种柱?各种异形截面端柱应如何处理?
④构件属性、做法套用、图元之间有什么关系?
⑤如何统计本层柱的相关清单工程量和定额工程量?

三、任务实施

1)分析图纸

在《1号办公楼施工图（含土建和安装）》结施-04的柱表中得到柱的截面信息,本层以矩形框架柱为主,主要信息见表3.1。

表3.1 柱表

类型	名称	混凝土强度等级	截面尺寸(mm)	标高	角筋	b 每侧中配筋	h 每侧中配筋	箍筋类型号	箍筋
矩形框架柱	KZ1	C30	500×500	基础顶~+3.85	4Φ22	3Φ18	3Φ18	1(4×4)	Φ8@100
	KZ2	C30	500×500	基础顶~+3.85	4Φ22	3Φ18	3Φ18	1(4×4)	Φ8@100/200
	KZ3	C30	500×500	基础顶~+3.85	4Φ25	3Φ18	3Φ18	1(4×4)	Φ8@100/200
	KZ4	C30	500×500	基础顶~+3.85	4Φ25	3Φ20	3Φ20	1(4×4)	Φ8@100/200
	KZ5	C30	600×500	基础顶~+3.85	4Φ25	4Φ20	3Φ20	1(5×4)	Φ8@100/200
	KZ6	C30	500×600	基础顶~+3.85	4Φ25	3Φ20	4Φ20	1(4×5)	Φ8@100/200

还有一部分剪力墙柱,如图3.1所示。

图3.1

2)现浇混凝土柱基础知识

(1)清单计算规则学习

柱清单计算规则,见表3.2。

表3.2 柱清单计算规则

编码	项目名称	单位	计算规则
010502001	矩形柱	m³	按设计图示尺寸以体积计算。柱高: (1)有梁板的柱高,应自柱基上表面(或楼板上表面)至上一层楼板上表面之间的高度计算
010502002	构造柱	m³	(2)无梁板的柱高,应自柱基上表面(或楼板上表面)至柱帽下表面之间的高度计算
010502003	异形柱	m³	(3)框架柱的柱高:应自柱基上表面至柱顶高度计算 (4)构造柱按全高计算,嵌接墙体部分(马牙槎)并入柱身体积计算 (5)依附柱上的牛腿和升板的柱帽,并入柱身体积计算
010515001	现浇构件钢筋	t	按设计图示钢筋(网)长度(面积)乘单位理论质量计算

（2）定额计算规则学习

柱定额计算规则，见表3.3。

表3.3 柱定额计算规则

编码	项目名称	单位	计算规则
10105011	泵送混凝土（独立矩形柱）	m³	按设计图示尺寸以体积计算。不扣除构件内钢筋、预埋铁件所占体积。柱高按下列规定： （1）有梁板的柱高：应自柱基上表面（或楼板上表面）至上一层楼板上表面之间的高度计算 （2）无梁板的柱高：应自柱基上表面（或楼板上表面）至柱帽下表面之间的高度计算 （3）框架柱的柱高：应自柱基上表面至柱顶高度计算 （4）构造柱按全高计算，嵌接墙体部分（马牙槎）并入柱身体积 （5）依附柱上的牛腿和升板的柱帽，并入柱身体积计算 （6）钢管混凝土柱以钢管高度按照钢管内径计算混凝土体积
10105012	泵送混凝土（独立异形柱）		
10105014	非泵送混凝土（构造柱）		
10105067	现浇构件带肋钢筋HRB400以内（直径≤10 mm）	t	（1）现浇构件钢筋，按设计图示钢筋长度乘以单位理论质量以质量计算 （2）定额未包括钢筋接头费用，钢筋接头费用按以下规定另行计算 ①钢筋搭接长度应按设计图示、规范要求计算；设计图示、规范要求未标明搭接长度的，不另计算搭接长度 ②钢筋搭接（接头）数量应按设计图示、规范要求计算；设计图示、规范要求未标明的，按以下规定考虑：直径10 mm以内的长钢筋按每12 m计算一个钢筋搭接（接头）；直径10 mm以外的长钢筋按9 m计算一个搭接（接头） （3）钢筋工程中措施钢筋[包括现浇构件中固定位置的支撑钢筋、梁垫筋（铁）、梁板双层钢筋用的"铁马"、伸出构件的锚固钢筋、预制构件的吊钩等]按设计图纸规定要求、施工方案要求、现行规范要求计算。编制预算时应按现行规范计算措施钢筋。若施工方案采用《混凝土结构用钢筋间隔件应用技术规程》（JGJ/T 219—2010）规定施工的，则板铁马尺寸＝450 mm+（板厚–保护层–板上层钢筋直径）×2，材料采用一级10；梁铁马尺寸=梁宽–保护层×2，材料采用三级25
10105068	现浇构件带肋钢筋HRB400以内（直径12~18 mm）		
10105069	现浇构件带肋钢筋HRB400以内（直径20~25 mm）		
10117045	现浇混凝土胶合板模板 独立矩形柱	m²	按混凝土与模板接触面以面积计算 （1）有梁板的柱高应自柱基上表面（或楼板上表面）至上一层楼板下表面之间的高度计算；无梁板的柱高应自柱基上表面（或楼板上表面）至柱帽下表面之间的高度计算；框架柱的柱高应自柱基上表面（或楼板上表面）至上一层楼板下表面之间的高度计算；构造柱的柱高应自柱底至柱顶（梁底）的高度计算 （2）依附柱上牛腿、升板柱帽的模板面积并入柱工程量中 （3）先砌墙的构造柱模板的工程量按图示外露部分计算。现浇混凝土柱按支撑高度3.6 m以内编制。大于3.6 m时，另按超过部分模板接触面积套用相应模板超高支撑增加费定额；超过6 m的按6 m以内与超过6 m的工程量分开套用相应定额。支撑高度按每增加0.5 m计算一个增加层，不足0.5 m按0.5 m计算
10117046	现浇混凝土胶合板模板 独立异形柱		
10117048	现浇混凝土胶合板模板 构造柱		
10117085	柱、墙模板支撑高度超过3.6 m、不超过6 m（每增加0.5 m）		

（3）柱平法知识

柱类型有框架柱、框支柱、芯柱、梁上柱、剪力墙柱等。从形状上可分为圆形柱、矩形柱、异形柱等。柱钢筋的平法表示有两种：一是列表注写方式；二是截面注写方式。

①列表注写。在柱表中注写柱编号、柱段起始标高、几何尺寸（含柱截面对轴线的偏心情况）与配筋信息、箍筋信息，如图3.2所示。

柱表

柱号	标高	$b \times h$（圆柱直径D）	b_1	b_2	h_1	h_2	全部纵筋	角筋	b边一侧中部筋	h边一侧中部筋	箍筋类型号	箍筋	备注
KZ1	−0.030~19.470	750×700	375	375	150	550	24Φ25				1(5×4)	Φ10@100/200	
	19.470~37.470	650×600	325	325	150	450		4Φ22	5Φ22	4Φ20	1(4×4)	Φ10@100/200	—
	37.470~59.070	550×500	275	275	150	350		4Φ22	5Φ22	4Φ20	1(4×4)	Φ8@100/200	
XZ1	−0.030~8.670						8Φ25				按标准构造详图	Φ10@100	③×Ⓑ轴 KZ1中设置

图3.2

②截面注写。在同一编号的柱中选择一个截面，以直接注写截面尺寸和柱纵筋及箍筋信息，如图3.3所示。

图3.3

3）柱的定义

（1）矩形框架柱KZ1

①在导航树中单击"柱"→"柱"，在"构件列表"中单击"新建"→"新建矩形柱"，如图3.4所示。

②在"属性编辑框"中输入相应的属性值，框架柱的属性定义如图3.5所示。

（2）矩形楼梯短柱TZ1

复制KZ1为TZ1，根据结施-13，在"属性编辑框"中修改相应的属性值，首层梯柱的顶标高为1.9 m，如图3.6所示。

图 3.4

图 3.5

图 3.6

【注意】

①名称:根据图纸输入构件的名称KZ1,该名称在当前楼层的当前构件类型下是唯一的。

②结构类别:类别会根据构件名称中的字母自动生成,例如,KZ生成的是框架柱,也可根据实际情况进行选择,KZ1为框架柱。

③定额类别:选择为普通柱。

④截面宽度(B边):KZ1柱的截面宽度为500 mm。

⑤截面高度(H边):KZ1柱的截面高度为500 mm。

⑥全部纵筋:表示柱截面内所有的纵筋,如24Φ28;如果纵筋有不同的级别和直径则使用"+"连接,如4Φ28+16Φ22。在此KZ1的全部纵筋值设置为空,采用角筋、B边一侧中部筋和H边一侧中部筋进行详细描述。

⑦角筋:只有当全部纵筋属性值为空时才可输入,根据结施-04的柱表知KZ1的角筋为4Φ22。

⑧箍筋:KZ1的箍筋为Φ8@100(4×4)。

⑨节点区箍筋:不填写,软件自动取箍筋加密值。

⑩箍筋肢数:通过单击当前框中省略号按钮选择肢数类型,KZ1的箍筋肢数为4×4肢箍。

(3)参数化柱(以首层约束边缘柱YBZ1为例)

①新建柱,选择"新建参数化柱"。

②在弹出的"选择参数化图形"对话框中,设置截面类型与具体尺寸,如图3.7所示。单击"确定"后显示属性列表。

图3.7

③参数化柱的属性定义,如图3.8所示。

	属性名称	属性值	附加
1	名称	YBZ1	
2	截面形状	L-d形	☐
3	结构类别	暗柱	☐
4	定额类别	普通柱	☐
5	截面宽度(B边)(mm)	500	☐
6	截面高度(H边)(mm)	500	☐
7	全部纵筋	12Φ20	☐
8	材质	现浇混凝土	☐
9	混凝土类型	(泵送商品混凝土)	☐
10	混凝土强度等级	(C30)	☐
11	混凝土外加剂	(无)	☐
12	泵送类型	(混凝土泵)	☐
13	泵送高度(m)		
14	截面面积(m²)	0.16	☐
15	截面周长(m)	2	☐
16	顶标高(m)	层顶标高	☐
17	底标高(m)	层底标高	☐
18	备注		☐
19	⊞ 钢筋业务属性		
33	⊞ 土建业务属性		
39	⊞ 显示样式		

图3.8

【注意】

①截面形状：可以单击当前框中的省略号按钮，在弹出的"选择参数化图形"对话框中进行再次编辑。

②截面宽度(B边)：柱截面外接矩形的宽度。

③截面高度(H边)：柱截面外接矩形的高度。

（4）异形柱(以YZB2为例)

①新建柱，选择"新建异形柱"。

②在弹出的"异形截面编辑器"中绘制线式异形截面，单击"设置插入点"，选择YZB2转角中心点作为插入点，单击"确定"后可编辑属性，如图3.9所示。

图3.9

③异形柱的属性定义,如图3.10所示。

	属性名称	属性值	附加
1	名称	YBZ2	
2	截面形状	L-c形	☐
3	结构类别	暗柱	☐
4	定额类别	普通柱	☐
5	截面宽度(B边)(mm)	500	
6	截面高度(H边)(mm)	700	
7	全部纵筋	14⌀20	
8	材质	现浇混凝土	
9	混凝土类型	(泵送商品混凝土)	
10	混凝土强度等级	(C30)	
11	混凝土外加剂	(无)	
12	泵送类型	(混凝土泵)	
13	泵送高度(m)		
14	截面面积(m²)	0.2	☐
15	截面周长(m)	2.4	☐
16	顶标高(m)	层顶标高	☐
17	底标高(m)	层底标高	☐
18	备注		☐
19	⊞ 钢筋业务属性		
33	⊞ 土建业务属性		
39	⊞ 显示样式		

图 3.10

（5）圆形框架柱（拓展）

选择"新建"→"新建圆形柱",方法同矩形框架柱属性定义。本工程无圆形框架柱,属性信息均是假设的。圆形框架柱的属性定义如图3.11所示。

	属性名称	属性值	附加
1	名称	KZ（圆形）	
2	结构类别	框架柱	☐
3	定额类别	普通柱	☐
4	截面半径(mm)	400	☐
5	全部纵筋	16⌀22	☐
6	箍筋	⌀10@100/200	☐
7	节点区箍筋		☐
8	箍筋类型	螺旋箍筋	☐
9	材质	商品混凝土	☐
10	混凝土强度等级	(C30)	☐
11	混凝土外加剂	(无)	
12	泵送类型	(混凝土泵)	
13	泵送高度(m)		
14	截面面积(m²)	0.503	☐
15	截面周长(m)	2.513	☐
16	顶标高(m)	层顶标高	☐
17	底标高(m)	层底标高	☐
18	备注		☐
19	⊞ 钢筋业务属性		
37	⊞ 土建业务属性		
42	⊞ 显示样式		

图 3.11

【注意】

截面半径:设置圆形柱截面半径,可用"数值/数值"来表示变截面柱,输入格式为"柱底截面半径/柱顶截面半径"(圆形柱没有截面宽、截面高属性)。

4)做法套用

柱构件定义好后,需要进行套用做法操作。套用做法是指构件按照计算规则计算汇总出做法工程量,方便进行同类项汇总,同时与计价软件数据对接。构件套用做法,可通过手动输入清单定额编码、查询匹配清单、查询匹配定额、查询外部清单、查询清单库、查询定额库等方式实现。

双击需要套用做法的柱构件,如KZ1,在弹出的窗口中单击"构件做法"页签,可通过查询匹配清单的方式添加清单,KZ1混凝土的清单项目编码为010502001;KZ1模板的清单项目编码为011702002;通过查询定额可以添加定额,正确选择对应定额项,KZ1的做法套用,如图3.12所示。暗柱不套用做法,并入墙体计算,在剪力墙计算时套做法。

	编码	类别	名称	项目特征	单位	工程量表达式	表达式说明	单价
1	─ 010502001	项	矩形柱	1.混凝土种类(商品混凝土、现场拌制;泵送、非泵送):商品混凝土,泵送 2.混凝土强度等级:C30	m3	TJ	TJ〈体积〉	
2	10105011 H80213675 80213685	换	C20泵送混凝土（独立矩形柱） 换为【预拌泵送普通混凝土 泵送100m以下 C30(42.5) 碎石25mm 塌落度160~200mm】		m3	TJ	TJ〈体积〉	258.72
3	─ 011702002	项	柱模板	1.构件形状:矩形	m2	MBMJ	MBMJ〈模板面积〉	
4	10117045	定	现浇混凝土胶合板模板 独立矩形柱		m2	MBMJ	MBMJ〈模板面积〉	59.12
5	10117085	定	柱、墙模板支撑高度超过3.6m、不超过6m（每增加0.5m）		m2	CGMBMJT6N	CGMBMJT6N〈超高模板面积(3.6~6m)〉	0.83

图3.12

5)柱的画法讲解

柱定义完毕后,单击"绘图"按钮,切换到绘图界面。

(1)点绘制

通过"构件列表"选择要绘制的构件KZ1,用鼠标捕捉①轴与①轴的交点,直接单击鼠标左键,就可完成柱KZ1的绘制,如图3.13所示。

图3.13

（2）偏移绘制

偏移绘制常用于绘制不在轴线交点处的柱，Ⓓ轴上，④~⑤轴之间的TZ1不能直接用鼠标选择点绘制，需要使用"Shift键+鼠标左键"相对于基准点偏移绘制。

①将鼠标放在Ⓓ轴和④轴的交点处，同时按下键盘上的"Shift"键和鼠标左键，弹出"输入偏移量"对话框；由结施-13可知，TZ1的中心相对于Ⓓ轴与④轴交点向右偏移1650 mm，在对话框中输入X="1650"，Y="50"；表示水平方向偏移量为1650 mm，竖直方向向上偏移50 mm，如图3.14所示。

图3.14

②单击"确定"按钮，TZ1就偏移到指定位置了，如图3.15所示。

图3.15

（3）智能布置

当图3.15中某区域轴线相交处的柱都相同时，可采用"智能布置"方法来绘制柱。如结施-04中，②~⑦轴与Ⓓ轴的6个交点处都为KZ3，即可利用此功能快速布置。选择KZ3，单击"建模"→"柱二次编辑"→"智能布置"，选择按"轴线"布置，如图3.16所示。

图 3.16

然后在图中框选要布置柱的范围,单击鼠标右键确定,则软件自动在所选范围内的所有轴线相交处布置上 KZ3,如图 3.17 所示。

图 3.17

（4）镜像

通过图纸分析可知,①~④轴的柱与⑤~⑧轴的柱是对称的,因此,在绘图时可以使用一种简单的方法:先绘制①~④轴的柱,然后使用"镜像"功能绘制⑤~⑧轴的柱。操作步骤如下:

①选中①~④轴之间需要镜像的柱,单击"建模"页签下修改面板中的"镜像",如图 3.18 所示。

图 3.18

②点中显示栏的"中点",捕捉④~⑤轴的中点,可以看到屏幕上有一个黄色的三角形,选中第二点,单击鼠标右键确定即可,如图 3.19 所示。在状态栏的地方会提示需要进行的下一步操作。

（5）利用辅助轴线绘制暗柱

通过图纸结施-04 可以计算出暗柱的墙中心线位置,单击"通用操作"中的"平行辅轴",绘制辅助轴线,如图 3.20 所示。

图 3.19

图 3.20

通过点绘制和镜像修改,绘制出的暗柱如图3.21所示。

图 3.21

四、任务结果

单击"工程量"页签下的云检查，云检查无误后进行汇总计算（或者按快捷键"F9"），弹出汇总计算对话框，选择首层下的柱，如图3.22所示。

图3.22

汇总计算后，在"工程量"页签下可以查看"土建计算"结果，见表3.4；"钢筋计算"结果，见表3.5。

表3.4　首层框架柱清单定额工程量

编码	项目名称	单位	工程量明细	
			绘图输入	表格输入
010502001001	矩形柱 （1）混凝土种类：泵送商品混凝土 （2）混凝土强度等级：C30	m³	32.181	
10105011	泵送混凝土（独立矩形柱）	m³	32.181	
011702002001	柱模板 模板高度：3.6 m以外	m²	233.144	
10117045	现浇混凝土胶合板模板独立矩形柱	m²	233.144	
10117085	柱、墙模板支撑高度超过3.6 m，不超过6 m（每增加0.5 m）	m²	7.2346	
011702002002	柱模板（梯柱模板） 模板高度：3.6 m以内	m²	3.24	
10117045	现浇混凝土胶合板模板独立矩形柱	m²	3.24	

表3.5　首层柱钢筋工程量

汇总信息	汇总信息钢筋总质量（kg）	构件名称	构件数量	HRB400
暗柱/端柱	932.356	YBZ1	2	422.872
		YBZ2	2	509.484
		合计		932.356

续表

汇总信息	汇总信息钢筋总质量(kg)	构件名称	构件数量	HRB400
柱	7306.551	KZ1	4	883.568
		KZ2	6	1197.322
		KZ3	6	1270.158
		KZ4	12	2800.956
		KZ5	2	539.184
		KZ6	2	539.184
		TZ1	1	76.179
		合计		7306.551

五、总结拓展

1)查改标注

框架柱的绘制主要使用"点"绘制,或者使用偏移辅助"点"绘制。如果有相对轴线偏心的支柱,则可使用以下"查改标注"的方法进行偏心设置和修改,操作步骤如下:

①选中图元,单击"建模"→"柱二次编辑"→"查改标注",使用"查改标注"来修改偏心,如图3.23所示。

②按回车依次修改绿色字体的标注信息,全部修改后用鼠标左键单击屏幕的其他位置即可,右键结束命令,如图3.24所示。

图 3.23

图 3.24

2)修改图元名称

如果需要修改已经绘制的图元名称,也可采用以下两种方法:

①"修改图元名称"功能。如果要把一个构件的名称替换成另一个名称,假如要把KZ6修改为KZ1,可以使用"修改图元名称"功能。选中KZ6,单击鼠标右键选择"修改图元名称",则会弹出"修改图元名称"对话框,如图3.25所示。将KZ6修改成KZ1即可。

图 3.25

②通过"属性列表"修改。选中图元，"属性列表"对话框中会显示图元的属性，点开下拉名称列表，选择需要的名称，如图3.26所示。

图3.26

3)"构件图元名称显示"功能

柱构件绘到图上后，如果需要在图上显示图元的名称，可使用"视图"选项卡下的"显示设置"功能，如图3.27所示。在弹出的"显示设置"面板中勾选显示图元或显示名称，如图3.28所示，便于查看和修改。

图3.27

例如，显示柱及其名称，则在柱显示图元及显示名称后面打钩，也可通过按"Z"键将柱图元显示出来，按"Shift+Z"键将柱图元名称显示出来。

4)柱的属性

在柱的属性中有标高的设置，包括底标高和顶标高。软件默认竖向构件是按照层底标高和层顶标高，用户可根据实际情况修改构件或图元的标高。

5)构件属性编辑

在对构件进行属性编辑时，属性编辑框中有两种颜色的字体：蓝色字体和黑色字体。蓝色字体显示的是构件的公有属性，黑色字体显示的是构件的私有属性，对公有属性部分进行操作，所做的改动对同层所有同名称构件起作用。

图3.28

问题思考

(1)在绘图界面怎样调出柱属性编辑框对图元属性进行修改?

(2)在参数化柱模型中找不到的异形柱如何定义?

(3)在柱定额子目中找不到所需要的子目时,如何定义该柱构件做法?

3.2 首层剪力墙工程量计算

通过本节的学习,你将能够:

(1)定义剪力墙的属性;

(2)绘制剪力墙图元;

(3)掌握连梁在软件中的处理方式;

(4)统计本层剪力墙的阶段性工程量。

一、任务说明

①完成首层剪力墙的定义、做法套用及图元绘制。

②汇总计算,统计本层剪力墙的工程量。

二、任务分析

①剪力墙在计量时的主要尺寸有哪些?从哪个图中的什么位置能够找到?

②剪力墙的暗柱、端柱分别是如何计算钢筋工程量的?

③剪力墙的暗柱、端柱分别是如何套用清单定额的?

④当剪力墙墙中心线与轴线不重合时,该如何处理?

⑤电梯井壁剪力墙的施工措施有什么不同?

三、任务实施

1)分析图纸

(1)分析剪力墙

分析结施-04、结施-01可以得到首层剪力墙的信息,见表3.6。

表3.6　剪力墙表

序号	类型	名称	混凝土型号	墙厚(mm)	标高	水平筋	竖向筋	拉筋
1	内墙	Q3	C30	200	−0.05~+3.85	⊈12@150	⊈14@150	⊈8@450

(2)分析连梁

连梁是剪力墙的一部分。结施-06剪力墙上有LL1(1),尺寸为200 mm×1000 mm,下方有门洞，箍筋为Φ10@100（2），上部纵筋为4Φ22，下部纵筋为4Φ22，侧面纵筋为GΦ12@200。

2）剪力墙清单、定额计算规则学习

（1）清单计算规则学习

剪力墙清单计算规则，见表3.7。

表3.7 剪力墙清单计算规则

编码	项目名称	单位	计算规则
010504001	直形墙	m³	按设计图示尺寸以体积计算。扣除门窗洞口及单个面积>0.3 m²的孔洞所占体积
011702011	直形墙模板	m²	按模板与现浇混凝土构件的接触面积计算
011702013	短肢剪力墙、电梯井壁	m²	按模板与现浇混凝土构件的接触面积计算

（2）定额计算规则学习

剪力墙定额计算规则，见表3.8。

表3.8 剪力墙定额计算规则

编码	项目名称	单位	计算规则
10105022	C30预拌泵送普通混凝土（直形墙100 mm以外）	m³	按设计图示尺寸以立方米计算，不扣除构件内钢筋、预埋铁件所占体积
10117064	现浇混凝土胶合板模板（墙电梯井壁）	m²	按模板与现浇混凝土构件的接触面积以平方米计算
10117085	增加费（柱、墙模板 支撑高度超过3.6 m、不超过6 m每增加0.5 m）	m²	模板支撑高度>3.6 m时，按超过部分模板接触面积计算

3）剪力墙属性定义

（1）新建剪力墙

在导航树中选择"墙"→"剪力墙"，在"构件列表"中单击"新建"→"内墙"，如图3.29所示。在"属性列表"中对图元属性进行编辑，如图3.30所示。

图3.29

图 3.30

（2）新建连梁

在导航树中选择"梁"→"连梁"，在"构件列表"中单击"新建"→"新建矩形连梁"，如图3.31所示。

图 3.31

在"属性列表"中对图元属性进行编辑，如图3.32所示。

	属性名称	属性值	附加
1	名称	LL1(1)	
2	截面宽度(mm)	200	
3	截面高度(mm)	1000	
4	轴线距梁左边...	(100)	
5	全部纵筋		
6	上部纵筋	4Φ22	
7	下部纵筋	4Φ22	
8	箍筋	Φ10@100(2)	
9	肢数	2	
10	拉筋	(Φ6)	
11	侧面纵筋(总配...	GΦ12@200	
12	材质	现浇混凝土	
13	混凝土类型	(泵送商品混凝土)	
14	混凝土强度等级	(C30)	
15	混凝土外加剂	(无)	
16	泵送类型	(混凝土泵)	
17	泵送高度(m)		
18	截面周长(m)	2.4	
19	截面面积(m²)	0.2	
20	起点顶标高(m)	层顶标高	
21	终点顶标高(m)	层顶标高	
22	类别	混凝土墙	
23	备注		
24	+ 钢筋业务属性		
42	+ 土建业务属性		
49	+ 显示样式		

图 3.32

4)做法套用

①剪力墙做法套用，如图3.33所示。

	编码	类别	名称	项目特征	单位	工程量表达式	表达式说明	单价
1	⊟ 010504001	项	直形墙	1.混凝土种类（商品混凝土、现场拌制，泵送、非泵送）:商品混凝土，泵送 2.混凝土强度等级:C30	m3	TJ	TJ〈体积〉	
2	10105022 H80010680 80010700, H802 13675 80213685	换	C20泵送混凝土（直形墙 100mm以外） 换为【搅拌同配比砂浆 C30 (42.5)砂子4.75mm】 换为【搅拌泵送普通混凝土 泵送100m以下 C30 (42.5) 碎石25mm 塌落度160~200mm】		m3	TJ	TJ〈体积〉	252.25
3	⊟ 011702013	项	电梯井壁模板	1.支撑高度:3.6m以外	m2	MBMJ	MBMJ〈模板面积〉	
4	10117064	定	现浇混凝土胶合板模板 电梯井壁		m2	MBMJ	MBMJ〈模板面积〉	53.6
5	10117085	定	柱、墙模板支撑高度超过3.6m、不超过6m（每增加0.5m）		m2			0.83

图 3.33

②连梁是剪力墙的一部分，因此连梁按照剪力墙套用做法，如图3.34所示。

	编码	类别	名称	项目特征	单位	工程量表达式	表达式说明	单价	综合单价	措施项
1	⊟ 010504001	项	直形墙	1.混凝土种类（商品混凝土、现场拌制，泵送、非泵送）:混凝土种类（商品混凝土），泵送 2.混凝土强度等级:C30	m3	TJ	TJ〈体积〉			☐
2	10105022 H80213675 80213685	换	C20泵送混凝土（直形墙 100mm以外） 换为【搅拌泵送普通混凝土 泵送100m以下 C30 (42.5) 碎石25mm 塌落度160~200mm】		m3	TJ	TJ〈体积〉	252.25		☐
3	⊟ 011702011	项	墙模板（电梯井壁）	1.支撑高度:3.6m以外	m2	MBMJ	MBMJ〈模板面积〉			☑
4	10117064	定	现浇混凝土胶合板模板 电梯井壁		m2	MBMJ	MBMJ〈模板面积〉	53.6		☑
5	10117085	定	柱、墙模板支撑高度超过3.6m、不超过6m（每增加0.5m）		m2			0.83		☑

图 3.34

5)画法讲解

(1)剪力墙的画法

剪力墙定义完毕后,切换到绘图界面。

①直线绘制。在导航树中选择"墙"→"剪力墙",通过"构件列表"选择要绘制的构件Q3,依据结施-04可知,剪力墙和暗柱都是200 mm厚,且内外边线对齐,用鼠标捕捉左下角的YBZ1,左键单击Q3的起点,再用鼠标左键单击终点即可完成绘制。在暗柱处应该满绘剪力墙。

②对齐。用直线完成Q3的绘制后,检查剪力墙是否与YBZ1和YBZ2对齐,若未对齐,可采用"对齐"功能将剪力墙和YBZ对齐。选中Q3,单击"对齐",用鼠标左键单击需要对齐的目标线,用左键单击选择图元需要对齐的边线。完成绘制,如图3.35所示。

图3.35

(2)连梁的画法

连梁定义完毕后,切换到绘图界面。采用"直线"绘制的方法绘制。

通过"构件列表"选择"梁"→"连梁"→"LL1",单击"建模"→"直线",依据结施-05可知,连梁和剪力墙都是200 mm厚,且内外边线对齐,用鼠标捕捉连梁LL1(1)的起点,捕捉剪力墙的一个端点,再捕捉剪力墙的另一个端点即可完成绘制,如图3.36所示。

图3.36

四、任务结果

汇总计算后,在"工程量"页签下,单击"报表-查看报表"→"设置报表范围",选择首层剪力墙、暗柱和连梁,单击"确定"按钮,首层剪力墙清单、定额工程量见表3.9。

表3.9 首层剪力墙清单、定额工程量

编码	项目名称	单位	工程量明细	
			绘图输入	表格输入
010504001001	直形墙C30 (1)混凝土种类:商品混凝土 (2)混凝土强度等级:C30	m³	6.668	
10105022	C30预拌泵送普通混凝土(直形墙100 mm以外)	m³	6.668	
011702011001	墙模板 模板高度:3.6 m以外	m²	65.513	
10117064	现浇混凝土 胶合板 模板(墙 电梯井壁)	m²	65.513	
10117085	增加费(柱、墙模板 支撑高度超过3.6 m、不超过6 m每增加0.5 m)	m²	14.686	

首层剪力墙钢筋工程量,见表3.10。

表3.10 首层剪力墙钢筋工程量

楼层名称	构件类型	钢筋总质量(kg)	HPB300	HRB400					
			6	8	10	12	14	20	22
首层	暗柱/端柱	932.356			431.44			500.916	
	剪力墙	758.246		10.058		397.98	350.208		
	连梁	116.447	1.044		17.039	23.98			74.384
	合计	1807.049	1.044	10.058	448.479	421.96	350.208	500.916	74.384

五、总结拓展

对"属性编辑框"中的"附加"进行勾选,方便用户对所定义的构件进行查看和区分。

问题思考

(1)剪力墙为什么要区分内、外墙定义?

(2)电梯井壁墙的内侧模板是否存在超高?

(3)电梯井壁墙的内侧模板和外侧模板是否套用同一定额?

3.3 首层梁工程量计算

通过本节的学习,你将能够:
(1)依据定额和清单确定梁的分类和工程量计算规则;
(2)依据平法、定额和清单确定梁的钢筋类型及工程量计算规则;
(3)定义梁的属性,进行正确的做法套用;
(4)绘制梁图元,正确对梁进行二次编辑;
(5)统计梁工程量。

一、任务说明
①完成首层梁的属性定义、做法套用及图元绘制。
②汇总计算,统计本层梁的钢筋及土建工程量。

二、任务分析
①梁在计量时的主要尺寸有哪些?可以从哪个图中的什么位置能够找到?有多少种梁?
②梁是如何套用清单定额的?软件中如何处理变截面梁?
③梁的标高如何调整?起点顶标高和终点顶标高不同会有什么结果?
④绘制梁时如何使用"Shift+左键"实现精确定位?
⑤各种不同名称的梁如何能快速套用做法?
⑥参照16G101—1第84-97页,分别分析框架梁、非框架梁、屋框梁、悬臂梁纵筋及箍筋的配筋构造。
⑦按图集构造分别列出各种梁中各种钢筋的计算公式。

三、任务实施

1)分析图纸

①分析结施-06,从左至右、从上至下,本层有框架梁和非框架梁两种。
②框架梁KL1~KL10b,非框架梁L1,主要信息见表3.11。

表3.11 梁表

序号	类型	名称	混凝土强度等级	截面尺寸（mm）	顶标高	备注
1	框架梁	KL1(1)	C30	250×500	层顶标高	钢筋信息参考结施-06
		KL2(2)	C30	300×500	层顶标高	
		KL3(3)	C30	250×500	层顶标高	
		KL4(1)	C30	300×600	层顶标高	

续表

序号	类型	名称	混凝土强度等级	截面尺寸（mm）	顶标高	备注
1	框架梁	KL5(3)	C30	300×500	层顶标高	钢筋信息参考结施-06
		KL6(7)	C30	300×550	层顶标高	
		KL7(3)	C30	300×500	层顶标高	
		KL8(1)	C30	300×600	层顶标高	
		KL9(3)	C30	300×600	层顶标高	
		KL10(3)	C30	300×600	层顶标高	
		KL10a(3)	C30	300×600	层顶标高	
		KL10b(1)	C30	300×600	层顶标高	
2	非框架梁	L1(1)	C30	300×550	层顶标高	

2)现浇混凝土梁基础知识学习

（1）清单计算规则学习

梁清单计算规则，见表3.12。

表3.12　梁清单计算规则

编码	项目名称	单位	计算规则
010503002	矩形梁	m³	按设计图示尺寸以体积计算。伸入墙内的梁头、梁垫并入梁体内。梁长： (1)梁与柱连接时,梁长算至柱侧面 (2)主梁与次梁连接时,次梁长算至主梁侧面
011702006	矩形梁	m²	按模板与现浇混凝土构件的接触面积计算
010505001	有梁板	m³	按设计图示尺寸以体积计算,有梁板(包括主梁、次梁与板)按梁、板体积之和计算
011702014	有梁板模板	m²	按模板与现浇混凝土构件的接触面积计算

（2）定额计算规则学习

梁定额计算规则，见表3.13。

表3.13　梁定额计算规则

编码	项目名称	单位	计算规则
10105016	C30预拌泵送普通混凝土(梁)	m³	按设计图示尺寸以体积计算。不扣除构件内钢筋、预埋铁件所占体积,伸入墙内的梁头、梁垫并入梁体积内 (1)梁与柱连接时,梁长算至柱侧面 (2)主梁与次梁连接时,次梁长算至主梁侧面

编码	项目名称	单位	计算规则
10117049	现浇混凝土胶合板模板(梁单梁、连续梁)	m²	按模板与现浇混凝土构件的接触面积以平方米计算 (1)长度:梁与柱连接时,梁长算至柱侧面;次梁与主梁交接时,梁长算至主梁侧面。圈梁外墙按中心线、内墙按净长线计算 (2)梁交接部分的面积应扣除,梁头的面积并入计算 (3)梁垫的模板面积并入梁计算
10117087	增加费(梁、板模板支撑高度超过3.6 m、不超过6 m每增加0.5 m)	m²	模板支撑高度在3.6 m以上、6 m以下时,执行超高相应定额子目,按超过部分模板接触面积计算工程量
10105024	C30预拌泵送普通混凝土(有梁板)	m³	按设计图示尺寸以体积计算。不扣除构件内钢筋、预埋铁件及单个面积0.3 m²以内的柱、垛及孔洞所占体积。有梁板(包括主、次梁与板)按梁、板体积之和计算
10117053	现浇混凝土胶合板模板(板 有梁板)	m²	按模板与现浇混凝土构件的接触面积以平方米计算 (1)有梁板按梁、板模板面积之和计算 (2)有梁板梁高:按扣除板厚净高计算 (3)有梁板梁长:梁与柱连接时,梁长算至柱侧面;次梁与主梁交接时,梁长算至主梁侧面 (4)梁交接部分的面积应扣除,梁头的面积并入计算 (5)板周边的侧模并入相应板定额计算 (6)圆弧形板增加费按弧形边以长度计算 (7)板中暗梁并入板内计算

(3)梁平法知识

梁类型有楼层框架梁、屋面框架梁、框支梁、非框架梁、悬挑梁等。梁平面布置图上采用平面注写方式或截面注写方式表达。

①平面注写:在梁平面布置图上,分别在不同编号的梁中各选一根梁,在其上注写截面尺寸和配筋具体数值的方式来表达梁平法施工图,如图3.37所示。平面注写包括集中标注与原位标注,集中标注表达梁的通用数值,原位标注表达梁的特殊数值。当集中标注中的某项数值不适用于梁的某部位时,则将该项数值原位标注。施工时,原位标注取值优先。

②截面注写:在分标准层绘制的梁平面布置图上,分别在不同编号的梁中各选择一根梁用剖面号引出配筋图,并在其上注写截面尺寸和配筋具体数值的方式来表达梁平法施工图,如图3.38所示。

图3.37

图3.38

③框架梁钢筋类型及软件输入方式:以上/下部贯通筋、侧面钢筋、箍筋、拉筋为例,见表3.14。

表3.14　框架梁钢筋类型及软件输入方式

钢筋类型	输入格式	说明
上部贯通筋	2单22	数量+级别+直径,有不同的钢筋信息用"+"连接,注写时将角部纵筋写在前面
	2单25+2单22	
	4单20 2/2	当存在多排钢筋时,使用"/"将各排钢筋自上而下分开
	2单20/2单22	
	1-2单25	图号-数量+级别+直径,图号为悬挑梁弯起钢筋图号
	2单25+(2单22)	当有架立筋时,架立筋信息输在加号后面的括号中
下部贯通筋	2单22	数量+级别+直径,有不同的钢筋信息用"+"连接
	2单25+2单22	
	4单20 2/2	当存在多排钢筋时,使用"/"将各排钢筋自上而下分开
	2单20/2单22	
侧面钢筋（总配筋值）	G42单16或N42单16	梁两侧侧面筋的总配筋值
	G单16@100或N单16@100	
箍筋	20单8(4)	数量+级别+直径(肢数),肢数不输入时按肢数属性中的数据计算
	单8@100(4)	级别+直径+@+间距(肢数),加密间距和非加密间距用"/"分开,加密间距在前,非加密间距在后
	单8@100/200(4)	
	13单8@100/200(4)	此种输入格式主要用于处理指定梁两端加密箍筋数量的设计方式。"/"前面表示加密区间距,后面表示非加密区间距。当箍筋肢数不同时,需要在间距后面分别输入相应的肢数
	9单8@100/12单12@150/单16@200(4)	此种输入格式表示从梁两端到跨内,按输入的间距、数量依次计算。当箍筋肢数不同时,需要在间距后面分别输入相应的肢数
	10单10@100(4)/单8@200(2)	此种输入格式主要用于处理加密区和非加密区箍筋信息不同时设计方式。"/"前面表示加密区间距,后面表示非加密区间距
	单10@100(2)[2500]; 单12@100(2)[2500]	此种输入格式主要用于处理同一跨梁内不同范围存在不同箍筋信息的设计方式

续表

钢筋类型	输入格式	说明
拉筋	Φ16	级别+直径,不输入间距按照非加密区箍筋间距的2倍计算
	4Φ16	排数+级别+直径,不输入排数按照侧面纵筋的排数计算
	Φ16@100 或 Φ16@100/200	级别+直径+@+间距,加密间距和非加密间距用"/"分开,加密间距在前,非加密间距在后
支座负筋	4Φ16 或 2Φ22+2Φ25	数量+级别+直径,有不同的钢筋信息用"+"连接
	4Φ16 2/2 或 4Φ14/3Φ18	当存在多排钢筋时,使用"/"将各排钢\筋自上而下分开
	4Φ16-2500	数量+级别+直径+长度,长度表示支座筋伸入跨内的长度。此种输入格式主要用于处理支座筋指定伸入跨内长度的设计方式
	4Φ16 2/2-1500/2000	数量+级别+直径+数量/数量+长度/长度。该输入格式表示:第一排支座筋2Φ16,伸入跨内1500,第二排支座筋2Φ16伸入跨内2000
跨中筋	4Φ16 或 2Φ22+2Φ25	数量+级别+直径,有不同的钢筋信息用"+"连接
	4Φ16 2/2 或 4Φ14/3Φ18	当存在多排钢筋时,使用"/"将各排钢筋自上而下分开
	4Φ16+(2Φ18)	当有架立筋时,架立筋信息输在加号后面的括号中
	2-4Φ16	图号-数量+级别+直径,图号为悬挑梁弯起钢筋图号
下部钢筋	4Φ16 或 2Φ22+2Φ25	数量+级别+直径,有不同的钢筋信息用"+"连接
	4Φ16 2/2 或 6Φ14(-2)/4	当存在多排钢筋时,使用"/"将各排钢筋自上而下分开。当有下部钢筋不全部伸入支座时,将不伸入的数量用(-数量)的形式来表示
拉筋	Φ16	级别+直径,不输入间距按照非加密区箍筋间距的2倍计算
	4Φ16	排数+级别+直径,不输入排数按照侧面纵筋的排数计算
	Φ16@100 或 Φ16@100/200	级别+直径+@+间距,加密间距和非加密间距用"/"分开,加密间距在前,非加密间距在后
支座负筋	4Φ16 或 2Φ22+2Φ25	数量+级别+直径,有不同的钢筋信息用"+"连接

钢筋类型	输入格式	说明
	4⊕16 2/2 或 4⊕14/3⊕18	当存在多排钢筋时,使用"/"将各排钢\筋自上而下分开
	4⊕16+2500	数量+级别+直径+长度,长度表示支座筋伸入跨内的长度。此种输入格式主要用于处理支座筋指定伸入跨内长度的设计方式
	4⊕16 2/2+1500/2000	数量+级别+直径+数量/数量+长度/长度。该输入格式表示:第一排支座筋2⊕16,伸入跨内1500,第二排支座筋2⊕16伸入跨内2000
跨中筋	4⊕16 或 2⊕22+2⊕25	数量+级别+直径,有不同的钢筋信息用"+"连接
	4⊕16 2/2 或 4⊕14/3⊕18	当存在多排钢筋时,使用"/"将各排钢筋自上而下分开
	4⊕16+(2⊕18)	当有架立筋时,架立筋信息输在加号后面的括号中
	2-4⊕16	图号-数量+级别+直径,图号为悬挑梁弯起钢筋图号
下部钢筋	4⊕16 或 2⊕22+2⊕25	数量+级别+直径,有不同的钢筋信息用"+"连接
	4⊕16 2/2 或 6⊕14(-2)/4	当存在多排钢筋时,使用"/"将各排钢筋自上而下分开。当下部钢筋不全部伸入支座时,将不伸入的数量用(-数量)的形式来表示
次梁加筋	⊕4	数量,表示次梁两侧共增加的箍筋数量,箍筋的信息和长度与梁一致
	4⊕16(2)	数量+级别+直径+肢数,肢数不输入时按照梁的箍筋肢数处理
	4⊕16(2)/3⊕18(4)	数量+级别+直径+肢数/数量+级别+直径+肢数,不同位置的次梁加筋可以使用"/"隔开
吊筋	4⊕16 或 4⊕14/3⊕18	数量+级别+直径,不同位置的次梁吊筋信息可以使用"/"隔开
加腋钢筋	4⊕16 或 4⊕14+3⊕18	数量+级别+直径,有不同的钢筋信息用"+"连接
	4⊕16 2/2 或 4⊕14/3⊕18	当存在多排钢筋时,使用"/"将各排钢筋自上而下分开
	4⊕16;3⊕18	数量+级别+直径;数量+级别+直径,左右端加腋钢筋信息不同时用";"隔开。没有分号隔开时表示左右端配筋相同

3)梁的属性定义

（1）框架梁

以KL6(7)为例，在导航树中单击"梁"→"梁"，在"构件列表"中单击"新建"→"新建矩形梁"，新建矩形梁KL6(7)，根据结施-06图中KL6(7)的标注信息，在"属性列表"中输入相应的属性值，如图3.39所示。

	属性名称	属性值	附加
1	名称	KL6(7)	
2	结构类别	楼层框架梁	
3	跨数量	7	
4	截面宽度(mm)	300	
5	截面高度(mm)	550	
6	轴线距梁左边	(150)	
7	箍筋	Φ10@100/200(2)	
8	肢数	2	
9	上部通长筋	2Φ25	
10	下部通长筋		
11	侧面构造或受...	G2Φ12	
12	拉筋	(Φ6)	
13	定额类别	板底梁	
14	材质	现浇混凝土	
15	混凝土类型	(泵送商品混凝土)	
16	混凝土强度等级	(C30)	
17	混凝土外加剂	(无)	
18	泵送类型	(混凝土泵)	
19	泵送高度(m)		
20	截面周长(m)	1.7	
21	截面面积(m²)	0.165	
22	起点顶标高(m)	层顶标高	
23	终点顶标高(m)	层顶标高	
24	备注		
25	⊕ 钢筋业务属性		
35	⊕ 土建业务属性		
43	⊕ 显示样式		

图3.39

【注意】

名称：根据图纸输入构件的名称KL6(7)，该名称在当前楼层的当前构件类型下唯一。

结构类别：根据构件名称中的字母自动生成，也可根据实际情况进行选择，梁的类别下拉框选项中有7类，按照实际情况，此处选择"楼层框架梁"，如图3.40所示。

图3.40

跨数量：梁的跨数量，直接输入。没有输入的情况时，提取梁跨后会自动读取。

截面宽度(mm)：梁的宽度，KL6(7)的梁宽为300，在此输入300。

截面高度(mm)：梁的截面高度，KL6(7)的梁高为500，在此输入500。

轴线距梁左边距离(mm)：按默认即可。

箍筋：KL6(7)的箍筋信息为Φ10@100/200(2)。

肢数：通过单击省略号按钮选择肢数类型，KL6(7)为2肢箍。

上部通长筋：根据图纸集中标注，KL6(7)的上部通长筋为2Φ25。

下部通长筋：根据图纸集中标注，KL6(7)无下部通长筋。

侧面构造或受到扭筋(总配筋值)：格式(G或N)数量+级别+直径，其中G表示构造钢筋，N表示抗扭钢筋，根据图纸集中标注，KL6(7)有构造钢筋2根+三级钢+12的直径(G2Φ12)。

拉筋：当有侧面纵筋时，软件按"计算设置"中的设置自动计算拉筋信息。当构件需要特殊处理时，可根据实际情况输入。

定额类别：该工程中框架梁按有梁板进行定额类别的确定。

材质：有自拌混凝土、商品混凝土和预制混凝土3种类型，根据工程实际情况选择，该工程选用"商品混凝土"。

混凝土强度等级：混凝土的抗压强度。默认取值与楼层设置里的混凝土强度等级一致，根据图纸，框架梁的混凝土强度等级为C30。

起点顶标高：在绘制梁的过程中，鼠标起点处梁的顶面标高，该KL6(7)的起点顶标高为层顶标高。

终点顶标高：在绘制梁的过程中，鼠标终点处梁的顶面标高，该KL6(7)的起点顶标高为层顶标高。

备注：该属性值只是一个标识，对计算不起任何作用。

钢筋业务属性：如图3.41所示。

25	⊟ 钢筋业务属性		
26	其它钢筋		
27	其它箍筋		☐
28	保护层厚...	(20)	☐
29	汇总信息	(梁)	☐
30	抗震等级	(三级抗震)	☐
31	锚固搭接	按默认锚固搭...	
32	计算设置	按默认计算设...	
33	节点设置	按默认节点设...	
34	搭接设置	按默认搭接设...	

图3.41

其他钢筋：除了当前构件中已经输入的钢筋外，还有需要计算的钢筋，则可通过其他钢筋来输入。

其他箍筋：除了当前构件中已经输入的箍筋外，还有需要计算的箍筋，则可通过其他箍筋来输入。

保护层厚度：软件自动读取楼层设置中框架梁的保护层厚度为20 mm，如果当前构件需要特殊处理，则可根据实际情况进行输入。

（2）非框架梁

非框架梁的属性定义同以上框架梁，对于非框架梁，在定义时需要在属性的"结构类别"中选择相应的类别，如"非框架梁"。其他属性与框架梁的输入方式一致，如图3.42所示。

	属性名称	属性值	附加
1	名称	L1(1)	
2	结构类别	非框架梁	☐
3	跨数量	1	☐
4	截面宽度(mm)	300	☐
5	截面高度(mm)	550	☐
6	轴线距梁左边...	(150)	☐
7	箍筋	Φ8@200(2)	☐
8	胶数	2	
9	上部通长筋	2Φ22	☐
10	下部通长筋		☐
11	侧面构造或受...	G2Φ12	☐
12	拉筋	(Φ6)	☐
13	定额类别	板底梁	☐
14	材质	现浇混凝土	☐
15	混凝土类型	(泵送商品混凝土)	☐
16	混凝土强度等级	(C30)	☐
17	混凝土外加剂	(无)	☐
18	泵送类型	(混凝土泵)	☐
19	泵送高度(m)		
20	截面周长(m)	1.7	☐
21	截面面积(m²)	0.165	☐
22	起点顶标高(m)	层顶标高	☐
23	终点顶标高(m)	层顶标高	☐
24	备注		☐
25	⊞ 钢筋业务属性		
35	⊞ 土建业务属性		
43	⊞ 显示样式		

图3.42

4）梁的做法套用

梁构件定义好后，需要进行做法套用操作，打开"定义"界面，选择"构件做法"，单击"添加清单"，添加混凝土有梁板清单项010505001和有梁板模板清单011702014；在混凝土清单项添加定额10105024，在有梁板模板下添加定额10117053，10117087；单击项目特征，根据工程实际情况将项目特征补充完整。

框架梁KL6的做法套用，如图3.43所示。

	编码	类别	名称	项目特征	单位	工程量表达式	表达式说明	单价	综合单价
1	⊟ 010505001	项	有梁板	1.混凝土种类（商品混凝土、现场拌制、泵送、非泵送）:商品混凝土,泵送 2.混凝土强度等级:C30	m3	TJ	TJ<体积>		
2	10105024 H80213675 80213685	换	C20泵送混凝土（有梁板） 换为【预拌泵送普通混凝土 泵送100m以下 C30(42.5) 碎石25mm 塌落度160~200mm】		m3	TJ	TJ<体积>	247.29	
3	⊟ 011702014	项	有梁板模板	1.支撑高度:大于3.6m、小于4.1m	m2	MBMJ	MBMJ<模板面积>		
4	10117053	定	现浇混凝土胶合板模板 有梁板		m2	MBMJ	MBMJ<模板面积>	55.94	
5	10117087	定	梁、板模板支撑高度超过3.6m、不超过6m（每增加0.5m）		m2	CGMBMJT6N	CGMBMJT6N<超高模板面积（3.6~6m）	3.87	

图3.43

非框架梁L1的做法套用，如图3.44所示。

	编码	类别	名称	项目特征	单位	工程量表达式	表达式说明	单价	综合单价
1	⊟ 010505001	项	有梁板	1.混凝土种类（商品混凝土、现场拌制，泵送、非泵送）:商品混凝土；2.混凝土强度等级:C30	m3	TJ	TJ〈体积〉		
2	10105024 H80213675 80213685	换	C20泵送混凝土（有梁板） 换为【预拌泵送普通混凝土 泵送100m以下 C30 (42.5) 碎石25mm 塌落度160-200mm】		m3	TJ	TJ〈体积〉	247.29	
3	⊟ 011702014	项	有梁板模板	1.支撑高度:大于3.6m 小于4.1m	m2	MBMJ	MBMJ〈模板面积〉		
4	10117053	定	现浇混凝土叠合板模板 有梁板		m2	MBMJ	MBMJ〈模板面积〉	55.94	
5	10117087	定	梁、板模板支撑高度超过3.6、不超过6m（每增加0.5m）		m2	CGMBMJT6M	CGMBMJT6M〈超高模板面积 (3.6~6m)〉	3.87	

图 3.44

5）梁画法讲解

梁在绘制时，要先绘制主梁再绘制次梁。通常，画梁时按先上后下、先左后右的方向来绘制，以保证能绘制到所有的梁。

（1）直线绘制

梁为线状构件，直线形的梁采用"直线"绘制的方法比较简单，如KL6。在绘图界面，单击"直线"，单击梁的起点①轴与①轴的交点，再单击梁的终点⑧轴与①轴的交点即可，如图3.45所示。图纸中KL2~KL10b、非框架梁L1都可采用直线绘制。

图 3.45

（2）弧形绘制

在绘制③~④轴与Ⓐ~⑴/Ⓐ轴间的KL1(1)时，先从③轴与Ⓐ轴交点出发，绘制一段3500 mm的直线，再切换成"起点圆心终点弧"模式，如图3.46所示，捕捉圆心，再捕捉终点，完成KL1弧形段的绘制。

弧形段也可采用两点小弧的方法进行绘制，如果能准确确定弧上的3个点，还可采用三点画弧的方式绘制。

选中画好的KL1弧段，用鼠标单击右键弹出右键菜单，单击"偏移"，移动鼠标到图纸要求的方向，填写偏移值"125"，回车。KL1弧段就偏移到图纸要求的位置。

用同样的方法偏移KL1直线部分。

偏移完KL1的弧线段和直线段后，选中KL1弧线段和直线段，用鼠标右键选择"合并"，即可完成KL1的合并成一。

（3）梁柱对齐

在绘制KL6时，对于①轴上①~⑧轴间的KL6，其中心线不在轴线上，但由于KL6与两端框架柱一侧平齐，因此，除了采用"Shift+左键"的方法偏移绘制外，还可使用"对齐"命令。

①在轴线上绘制KL6(7)，绘制完成后，选择建模页签下"修改"面板中的"对齐"命令，如图3.47所示。

②根据提示，先选择柱上侧的边线，再选择梁上侧的边线，对齐成功后如图3.48所示。

图3.46　　　　　　　　　　　图3.47

图3.48

（4）偏移绘制

对于有些梁，如果端点不在轴线的交点或其他捕捉点上，可采用偏移绘制的方法也就是采用"Shift+左键"的方法捕捉轴线以外的点来绘制。例如，绘制L1，两个端点分别为：①轴与④轴交点偏移X=2300+200，Y=-3250-150。①轴与⑤轴交点偏移X=0，Y=-3250-150。

将鼠标放在①轴和④轴的交点处，同时按下"Shift"键和鼠标左键，在弹出的"输入偏移值"对话框中输入相应的数值，单击"确定"按钮，这样就可选定第一个端点。采用同样的方法，确定第二个端点来绘制L1。

（5）镜像绘制梁图元

①~③轴上布置的KL7~KL9与⑥~⑧轴上的KL7~KL9是对称的，因此，可将①~③轴上的梁先绘制完毕，再利用"镜像"命令，将⑥~⑧轴上的梁绘制完毕。

（6）分层绘制

有时绘制楼梯梁时，可运用软件中的分层绘制功能，如图3.49所示。

6)梁的二次编辑

梁绘制完毕后,只是对梁集中标注的信息进行了输入,除此之外,还需进行原位标注的输入。由于梁是以柱和剪力墙为支座的,因此,在提取梁跨和进行原位标注之前,需要绘制好所有的支座。图中梁显示为粉色时,表示还没有进行梁跨提取和原位标注的输入,也不能正确地对梁钢筋进行计算。在GTJ中,可通过3种方式来提取梁跨:一是使用"原位标注";二是使用"重提梁跨";三是使用"设置支座"功能,如图3.50所示。

图3.49   图3.50

对于没有原位标注的梁,可通过重提梁跨将梁的颜色变为绿色。对于有原位标注的梁,可通过输入原位标注将梁的颜色变为绿色。软件中用粉色和绿色对梁进行区别,目的是提醒哪些梁已经进行了原位标注的输入,便于检查,防止出现忘记输入原位标注,影响计算结果的情况。

(1)原位标注

梁的原位标注主要有支座钢筋、跨中筋、下部钢筋、架立钢筋和箍筋,另外,变截面也需要在原位标注中输入。下面以⑧轴的KL4为例,介绍梁的原位标注输入。

a.在"梁二次编辑"面板中选择"原位标注"。

b.选择要输入原位标注的KL4,绘图区显示原位标注的输入框,下方显示平法表格。

c.对应输入钢筋信息,有两种方式:一是在绘图区域显示的原位标注输入框中进行输入,比较直观,如图3.51所示。

图3.51

二是在"梁平法表格"中输入,如图3.52所示。

位置	名称	跨号	标高		构件尺寸(mm)							距左边线距离	上通长筋	上部钢筋			下通长筋
			起点标高	终点标高	A1	A2	A3	A4	跨长	截面(B*H)				左支座钢筋	跨中筋	右支座钢筋	
1 <4+50,...	KL4(1)	1	3.85	3.85	(300)	(200)	(250)	(250)	(7150)	(300*600)	(150)		2⾐22	5⾐22 3/2		5⾐22 3/2	

图3.52

绘图区域输入:按照图纸标注中KL4的原位标注信息输入;"1跨左支座筋"输入"5⾐22 3/2",按"Enter"键确定;跳到"1跨跨中筋",此处没有原位标注信息,不用输入,可直接再按

"Enter"键跳到下一个输入框，或者用鼠标选择下一个需要输入的位置。例如，选择"1跨右支座筋"输入框，输入"5⊈22 3/2"，按"Enter"键跳到"下部钢筋"，输入"4⊈25"。

【注意】

　　输入后按"Enter"键跳转的方式，软件默认的跳转顺序是左支座钢筋、跨中筋钢、右支座钢筋、下部钢筋，然后下一跨的左支座钢筋、跨中钢筋、右支座钢筋、下部钢筋。如果想要自己确定输入的顺序，可用鼠标选择需要输入的位置，每次输入后，需要按"Enter"键或单击其他方框确定。

　　原位标注输入后，梁平法表格显示如图3.53所示。

位置	名称	跨号	上通长筋	上部钢筋			下部钢筋		侧面钢筋			箍筋	肢数
				左支座钢筋	跨中钢	右支座钢筋	下通长筋	下部钢筋	侧面通长筋	侧面原位标注筋	拉筋		
1 <4+50,...	KL4(1)	1	2⊈22	5⊈22 3/2		5⊈22 3/2		4⊈25	G2⊈12		(⊈6)	⊈10@100/200(2)	2

图3.53

【说明】

　　上面介绍时，采用的是按照不同的原位标注类别逐一讲解的顺序。在实际工程绘制中，可以针对第一跨进行各类原位标注信息的输入，然后再输入下一跨；也可按照不同的钢筋类型，先输入上下部钢筋信息，再输入侧面钢筋信息等。在表格中就表现为可按行逐个输入，也可按列逐个输入。

　　另外，梁的原位标注表格中还有每一跨的箍筋信息的输入，默认取构件属性的信息如果某些跨存在不同的箍筋信息，就可以在原位标注中对应的跨中输入；存在有加腋筋的也可以在梁平法表格中输入。

　　采用同样的方法，可对其他位置的梁进行原位标注的输入。

（2）重提梁跨

当你遇到以下问题时，可使用"重提梁跨"功能：

a.原位标注计算梁的钢筋需要重提梁跨，软件在提取了梁跨后才能识别梁的跨数、梁支座并进行计算。

b.由于图纸变更或编辑梁支座信息，导致梁支座减少或增加，影响了梁跨数量，使用"重提梁跨"可以重新提取梁跨信息。

重提梁跨的操作步骤如下：

第一步，在"梁二次编辑"分组中选择"重提梁跨"，如图3.54所示。

图3.54

第二步，在绘图区域选择梁图元，出现如图3.55所示的提示信息，单击"确定"按钮即可。

（3）设置支座

如果存在梁跨数与集中标注中不符的情况，则可使用此功能进行支座的设置工作。其操作步骤如下：

第一步,在"梁二次编辑"分组中选择"设置支座",如图3.56所示。

图3.55 图3.56

第二步,用鼠标左键选择需要设置支座的梁,如KL3,如图3.57所示。

图3.57

第三步,用鼠标左键选择或框选作为支座的图元,单击鼠标右键确认,如图3.58所示。

图3.58

第四步,当支座设置错误时,还可采用"删除支座"的功能进行删除,如图3.59所示。

图3.59

(4)梁标注的快速复制功能

分析结施-06,可以发现图中存在很多同名的梁(如KL1,KL2,KL5,KL7,KL8,KL9等),都在多个地方存在相同的梁跨原位标注。这时,不需要对每道梁都进行原位标注,直接使用软件提供的几个复制功能,即可快速对梁进行原位标注。

①梁跨数据复制。工程中不同名称的梁,梁跨的原位标注信息相同,或同一道梁不同跨的原位标注信息相同,通过该功能可以将当前选中的梁跨数据复制到目标梁跨上。复制内容主要是钢筋信息,如KL3,其③~④轴的原位标注与⑤~⑥轴完全一致,这时可使用梁跨数据复制功能,将③~④轴跨的原位标注复制到⑤~⑥轴中。

第一步,在"梁二次编辑"分组中选择"梁跨数据复制",如图3.60所示。

图3.60

第二步,在绘图区域选择需要复制的梁跨,单击鼠标右键结束选择,需要复制的梁跨选中后显示为红色,如图3.61所示。

第三步,在绘图区域选择目标梁跨,选中的梁跨显示为黄色,单击右键完成操作,如图3.62所示。

图3.61   图3.62

②应用到同名梁。当遇到以下问题时,可使用"应用到同名梁"功能。

如果图纸中存在多个同名称的梁且原位标注信息完全一致时,就可采用"应用到同名梁"功能来快速地实现原位标注的输入。如结施-06中,有4道KL8。只需对一道KL8进行原位标注,运用"应用到同名梁"功能,实现快速标注。

第一步,在"梁二次编辑"面板中选择"应用到同名梁",如图3.63所示。

图3.63

第二步,选择应用方法,软件提供了3种选择,即同名称未提取跨梁、同名称已提取跨梁、所有同名称梁,如图3.64所示,应用时可根据实际情况选用。单击"查看应用规则",可查看应用同名梁的规则。

图3.64

同名称未提取跨梁:未识别的梁为浅红色,这些梁没有识别跨长和支座等信息。

同名称已提取跨梁:已识别的梁为绿色,这些梁已经识别了跨长和支座信息,但是原位标注没有输入。

所有同名称梁:不考虑梁是否已经识别。

【注意】
　　未提取梁跨的梁,图元不能捕捉。

第三步,用鼠标左键在绘图区域选择梁图元,单击鼠标右键确定,完成操作,则软件弹出应用成功的提示,在此可看到有几道梁应用成功。

第四步,应用到同名梁后,要注意检查被应用到的梁的原位标注是否正确。例如KL5,使用"应用到同名梁"后,不是镜像原位标注。

(5)梁的吊筋和次梁加筋

若在结构设计总说明中集中说明了吊筋和次梁加筋的布置方式,建议批量布置吊筋和次梁加筋。

由结施-01(2)"5.钢筋混凝土梁"第三条中可知,在主次梁相交处,均在次梁两侧各设3组箍筋,且注明了箍筋肢数、直径同梁箍筋,间距为50 mm。次梁吊筋在梁配筋图中表示。梁配筋图见结施-05~08中的说明。

①选择"工程设置"下,"钢筋设置"中的"计算设置",如图3.65所示。

图3.65

②在"计算设置"的"框架梁"部分第二十六条:次梁两侧共增加箍筋数量,根据设计说明,两侧各设3组,共6组,则在此输入"6"即可,如图3.66所示。

		类型名称	设置值
柱/墙柱	16	下部通长筋遇支座做法	遇支座连续通过
剪力墙	17	下部纵筋遇加腋做法	锚入加腋
人防门框墙	18 ⊟	侧面钢筋/吊筋	
连梁	19	侧面构造筋的锚固长度	15*d
	20	侧面构造筋的搭接长度	15*d
框架梁	21	梁侧面原位标注筋做法	遇支座断开
非框架梁	22	侧面通长筋遇支座做法	遇支座连续通过
板	23	吊筋锚固长度	20*d
	24	吊筋弯折角度	按规范计算
基础	25 ⊟	箍筋/拉筋	
基础主梁/承台梁	26	次梁两侧共增加箍筋数量	6
	27	起始箍筋距支座边的距离	50
基础次梁	28	抗震KL、WKL端支座为梁时,则在该支座一侧箍筋加密	否
砌体结构	29	框架梁箍筋加密长度	按规范计算
	30	框架扁梁箍筋加密长度	max(b+hb,lae,C)
其他	31	框支梁箍筋加密长度	max(0.2*Ln,1.5*hb)
	32	框架梁箍筋、拉筋加密区根数计算方式	向上取整+1
	33	框架梁箍筋、拉筋非加密区根数计算方式	向上取整-1
	34	箍筋弯勾角度	135°
	35	加腋梁箍筋加密起始位置	加腋端部
	36	拉筋配置	按规范计算
	37 ⊟	悬挑端	
	38	悬挑跨上部第一排纵筋伸至悬挑端部的弯折长度	12*d
	39	悬挑跨上部第二排钢筋伸入跨内的长度	0.75*L
	40	悬挑跨下部钢筋锚入支座的长度	按规范计算
	41	悬挑端第二排钢筋按弯起钢筋计算	是

输入格式:具体整数或数量 + 级别 + 直径（肢数）,肢数为空默认与箍筋肢数相同。

导入规则　　导出规则　　恢复默认值

图3.66

【说明】
①如果工程中有吊筋,则在"梁二次编辑"中单击"生成吊筋",如图3.67所示。次梁加筋也可以通过该功能实现。
②在弹出的"生成吊筋"对话框中,根据图纸输入次梁加筋的钢筋信息,如图

3.68所示。

图3.67   图3.68

③设置完成后，单击"确定"按钮，然后在图中选择要生成次梁加筋的主梁和次梁，单击鼠标右键确定，即可完成吊筋的生成。

【注意】

①必须进行提取梁跨后，才能使用此功能自动生成；运用此功能同样可以整楼生成。

②楼梯连接梁与框梁KL6和L1相交处，二层梯柱与首层KL6相交处均有次梁加筋。

四、任务结果

1）查看钢筋工程量计算结果

前面部分没有涉及构件图元钢筋计算结果的查看，主要是因为竖向构件在上下层没有绘制时，无法正确计算搭接和锚固，对于梁这类水平构件，本层相关图元绘制完毕，就可以正确地计算钢筋量，并查看计算结果。

首先，选择"工程量"选项卡下的"汇总计算"，选择要计算的层进行钢筋量的计算，然后就可以选择计算完毕的构件进行计算结果的查看。

①通过"编辑钢筋"查看每根钢筋的详细信息：以KL4为例，选中KL4，单击"钢筋计算结果"面板下的"编辑钢筋"。

钢筋显示顺序为按跨逐个显示，如图3.69所示的第一的计算结果中，"筋号"对应到具体钢筋；"图号"是软件对每一种钢筋形状的编号。"计算公式"和"公式描述"是对每根钢筋的计算过程进行的描述，方便查量和对量；"搭接"是指单根钢筋超过定尺长度之后所需的接长度和接头个数。

"编辑钢筋"中的数据还可以进行编辑，用户可根据需要对钢筋的信息进行修改，然后锁定该构件。

②单击"钢筋计算结果"面板下的"查看钢筋量"，拉框选择或者点选需要查看的图元。软件可以一次性显示多个图元的计算结果，如图3.70所示。

图中显示构件的钢筋量，可按不同的钢筋类别和级别列出，并可对选择的多个图元的钢筋量进行合计。

首层所有梁的钢筋工程量统计可单击"查看报表"，见表3.15（见报表中《楼层构件统计校对表》)。

图 3.69

图 3.70

表 3.15 首层梁钢筋工程量

汇总信息	汇总信息钢筋总质量(kg)	构件名称	构件数量	HPB300	HRB400
		楼层名称:首层(绘图输入)			
柱	7306.551	KL1(1)	2	3.6	705.288
		KL10(3)	1	3.842	708.035
		KL10a(3)	1	2.26	335.906
		KL10b(1)	1	1.017	183.518
		KL2(2)	2	5.198	782.008
		KL3(3)	1	4.8	639.494
		KL4(1)	1	2.034	295.278
		KL5(3)	4	17.176	2641.024
		KL6(7)	1	10.622	1679.892
		KL7(3)	2	904	1338.956

续表

汇总信息	汇总信息钢筋总质量(kg)	构件名称	构件数量	HPB300	HRB400
柱	7306.551	KL8(1)	4	7.91	1519.042
		KL9(3)	2	9.04	1659.020
		L1(1)	1	1.469	131.142
		TL-1	4		145.020
		合计			

2)查看土建工程量计算结果

①参照KL1属性的定义方法，将剩余框架梁按图纸要求定义。

②用直线、三点画弧、对齐、镜像等方法将KL1~KL10b，以及非框架梁L1、TL1按图纸要求绘制。绘制完成后，如图3.71所示。

图3.71

③汇总计算，首层梁清单、定额工程量，见表3.16。

表3.16　首层梁清单、定额工程量

编码	项目名称	单位	工程量明细	
			绘图输入	表格输入
010505001001	有梁板(梁) (1)混凝土种类:泵送商品混凝土 (2)混凝土强度等级:C30	m³	32.181	
10105024	C30预拌泵送普通混凝土(有梁板)	m³	32.181	
011702014001	有梁板模板(梁) 支撑高度:大于3.6 m,小于4.1 m	m²	282.984	
10117053	现浇混凝土胶合板模板(板 有梁板)	m³	282.984	
10117087	增加费(梁、板模板支撑高度超过3.6 m,不超过6 m每增加0.5 m)	m²	282.984	

续表

编码	项目名称	单位	工程量明细	
			绘图输入	表格输入
10117081	圆弧形梁模板增加费	m²	6.928	
010503002001	矩形梁	m³	6.24	
10105016	C30预拌泵送普通混凝土(梁)	m³	6.24	
011702006001	梁模板	m²	58.564	
10117049	现浇混凝土胶合板模板(梁 单梁、连续梁)	m²	58.564	
10117087	增加费(梁、板模板支撑高度超过3.6 m、不超过6 m每增加0.5 m)	m²	58.564	

五、总结拓展

①梁的原位标注和平法表格的区别:选择"原位标注"时,可以在绘图区梁图元的位置输入原位标注的钢筋信息,也可以在下方显示的表格中输入原位标注信息;选择"梁平法表格"时只显示下方的表格,不显示绘图区的输入框。

②捕捉点的设置:绘图时,无论是利用点画、直线还是其他绘制方式,都需要捕捉绘图区的点,以确定点的位置和 线的端点。该软件提供了多种类型点的捕捉,用户可以在状态栏设置捕捉,绘图时可以在"捕捉工具栏"中直接选择要捕捉的点类型,方便绘制图元时选取点,如图3.72所示。

图3.72

③设置悬挑梁的弯起钢筋:当工程中存在悬挑梁并且需要计算弯起钢筋时,在软件中可以快速地进行设置及计算。首先,进入"钢筋设置"→"节点设置"→"框架梁",在第29项设置悬挑梁钢筋图号,软件默认是2号图号,可以单击按钮选择其他图号(软件提供了6种图号供选择),节点示意图中的数值可进行修改。

④计算设置的修改范围是全部悬挑梁,如果修改单根悬挑梁,应选中单根梁,在平法表格"悬臂钢筋代号"中修改。

问题思考

(1)梁属于线状构件,能否使用矩形绘制?如果可以,哪些情况适合用矩形绘制?

(2)智能布置梁后,若位置与图纸位置不一样,应怎样调整?

(3)如何绘制弧形梁?

3.4 首层板工程量计算

通过本节的学习,你将能够:

(1)依据定额和清单分析现浇板的工程量计算规则;

(2)分析图纸,进行正确的识图,读取板的土建及钢筋信息;

(3)定义现浇板、板受力筋、板负筋及分布筋的属性;

(4)绘制首层现浇板、板受力筋、板负筋及分布筋;

(5)统计板的土建及钢筋工程量。

一、任务说明

①完成首层板的定义、做法套用及图元绘制。

②汇总计算,统计本层板的土建及钢筋工程量。

二、任务分析

①首层板在计量时的主要尺寸有哪些?从哪个图中的什么位置能够找到?有多少种板?

②板的钢筋类别有哪些?如何进行定义和绘制?

③板如何套用清单定额?

④板的绘制方法有哪几种?

⑤各种不同名称的板如何能快速套用做法?

三、任务实施

1)分析图纸

根据图纸结施-10"一、三层顶板配筋图"来定义和绘制板和板的钢筋。进行板的图纸分析时,应注意以下几个要点:

①本页图纸说明、厚度说明、配筋说明。

②板的标高。

③板的分类,相同板的位置。

④板的特殊形状。

⑤受力筋、板负筋的类型,跨板受力筋的位置和钢筋布置。

分析图纸结施-09~12可以从中得到板的相关信息,包括地下室至4层的楼板,主要信息见表3.17。

表3.17 板表

序号	类型	名称	混凝土强度等级	板厚h(mm)	板顶标高	备注
1	普通楼板	LB-120	C30	120	层顶标高	
		LB-130	C30	130	层顶标高	
		LB-160	C30	160	层顶标高	

序号	类型	名称	混凝土强度等级	板厚h(mm)	板顶标高	备注
2	阳台板	LB-140	C30	140	层顶标高	
3	飘窗板	飘窗板100	C30	100	0.6,3.1	
4	平台板	平台板100	C30	100	1.9	

根据结施-10,详细查看首层板及板配筋信息。在软件中,完整的板构件由现浇板、板筋(包含受力筋及负筋)组成,因此,板构件的钢筋计算包括以下两个部分:板的定义中的钢筋和绘制及表格输入的板筋(包括受力筋和负筋)。

2)现浇板定额、清单计算规则学习

(1)清单计算规则学习

板清单计算规则,见表3.18。

表3.18 板清单计算规则

编码	项目名称	单位	计算规则
010505001	有梁板	m³	按设计图示尺寸以体积计算,有梁板(包括主梁、次梁与板)按梁、板体积之和计算
011702014	有梁板模板	m²	按模板与现浇混凝土构件的接触面积计算
010505008	雨篷、悬挑板、阳台板	m³	按设计图示尺寸以墙外部分体积计算,包括伸出墙外的牛腿和雨篷反挑檐的体积
011702023	雨篷、悬挑构件模板	m²	按图示外挑部分尺寸的水平投影面积以平方米计算,挑出墙外的悬臂梁及板边不另计算

(2)定额计算规则学习

板定额计算规则,见表3.19。

表3.19 板定额计算规则

编码	项目名称	单位	计算规则
10105024	预拌泵送普通混凝土(有梁板)	m³	按设计图示尺寸以体积计算。不扣除构件内钢筋、预埋铁件及单个面积0.3 m²以内的柱、垛及孔洞所占体积。有梁板(包括主、次梁与板)按梁、板体积之和计算
10117053	现浇混凝土胶合板模板(板有梁板)	m²	按模板与现浇混凝土构件的接触面积以平方米计算 (1)有梁板按梁、板模板面积之和计算 (2)有梁板梁高按扣除板厚的净高计算 (3)有梁板梁长:梁与柱连接时,梁长算至柱侧面;次梁与主梁交接时,梁长算至主梁侧面 (4)梁交接部分的面积应扣除,梁头的面积并入计算 (5)板周边的侧模并入相应板定额计算 (6)圆弧形板增加费按弧形边以长度计算 (7)板中暗梁并入板内计算

续表

编码	项目名称	单位	计算规则
10105032	泵送混凝土（雨篷板）	m³	按设计图示尺寸以墙外部分体积计算，包括伸出墙外的牛腿和雨篷反挑檐的体积
10117059	现浇混凝土胶合板模板（板雨篷）	m²	雨篷按图示外挑部分的水平投影面积计算，板边模板不另增加，雨篷反口模板按反口的净高计算
10117087	增加费（梁、板模板支撑高度超过3.6 m、不超过6 m每增加0.5 m）	m²	模板支撑高度在3.6 m以上、6 m以下时，执行超高相应定额子目，按超过部分模板接触面积计算工程量

3）板的属性定义和绘制

（1）板的属性定义

在导航树中选择"板"→"现浇板"，在"构件列表"中选择"新建"→"新建现浇板"。下面以结施-10中的©~①轴、②~③轴所围的LB-160为例，新建现浇板LB-160，根据LB-160图纸中的尺寸标注，在"属性列表"中输入相应的属性值，如图3.73所示。

	属性名称	属性值	附加
1	名称	B-160	
2	厚度(mm)	160	
3	类别	有梁板	
4	是否是楼板	是	
5	混凝土类型	(泵送商品混凝土)	
6	混凝土强度等级	(C30)	
7	混凝土外加剂	(无)	
8	泵送类型	(混凝土泵)	
9	泵送高度(m)		
10	顶标高(m)	层顶标高	
11	备注		
12	⊞ 钢筋业务属性		
23	⊞ 土建业务属性		
32	⊞ 显示样式		

图 3.73

【说明】

①名称：根据图纸输入构件的名称，该名称在当前楼层的当前构件类型下唯一。

②厚度(mm)：现浇板的厚度。

③类别：选项为有梁板、无梁板、平板、拱板、悬挑板、空调板等。

④是否是楼板：主要与计算超高模板、超高体积起点判断有关，若是，则表示构件可以向下找到该构件作为超高计算的判断依据；若否，则超高计算判断与该板无关。

⑤材质：不同地区计算规则对应的材质有所不同。

其中钢筋业务属性,如图3.74所示。

12	⊟	钢筋业务属性		
13		其它钢筋		
14		保护层厚...	(15)	☐
15		汇总信息	(现浇板)	☐
16		马凳筋参...	Ⅰ型	
17		马凳筋信息	Φ8@1000*1000	☐
18		线形马凳...	平行横向受力筋	☐
19		拉筋	Φ8@1000*1000	☐
20		马凳筋数...	向上取整+1	☐
21		拉筋数量...	向上取整+1	☐
22		归类名称	(B-160)	☐

图3.74

【说明】

①保护层厚度:软件自动读取楼层设置中的保护层厚度,如果当前构件需要特殊处理,则可根据实际情况进行输入。

②马凳筋参数图:可编辑马凳筋设置,选择马凳筋图形,填写长度、马凳筋信息,参见"帮助文档"中《GTJ2018钢筋输入格式详解》"五、板"的"01现浇板"。

③马凳筋信息:参见《GTJ2018钢筋输入格式详解》中"五、板"的"01现浇板"。

④线形马凳筋方向:对Ⅱ型、Ⅲ型马凳筋起作用,设置马凳筋的布置方向。

⑤拉筋:板厚方向布置拉筋时,输入拉筋信息,输入格式:级别+直径+间距×间距或者数量+级别+直径。

⑥马凳筋数量计算方式:设置马凳筋根数的计算方式,默认取"计算设置"中设置的计算方式。

⑦拉筋数量计算方式:设置拉筋根数的计算方式,默认取"钢筋设置—计算设置—节点设置—板拉筋布置方式"中设置的计算方式。

其中土建业务属性如图3.75所示。

23	⊟	土建业务属性		
24		是否抗渗	否	☐
25		计算设置	按默认计算设置	
26		计算规则	按默认计算规则	
27		支撑类型	否	☐
28		支模高度	按默认计算设置	☐
29		模板类型	胶合板模板	☐
30		超高底面...	按默认计算设置	☐
31		坡度(°)	0	

图3.75

【说明】

①计算设置:用户可自行设置构件土建计算信息,软件将按设置的计算方法计算。

②计算规则:软件内置全国各地清单及定额计算规则,同时用户可自行设置构件土建计算规则,软件将按设置的计算规则计算。

（2）板的做法套用

板构件定义好后，需要进行做法套用操作。LB-160的做法套用，如图3.76所示。

	编码	类别	名称	项目特征	单位	工程量表达式	表达式说明	单价	综合单价
1	010505001	项	有梁板	1.混凝土种类（商品混凝土、现场拌制，泵送、非泵送）：商品混凝土，泵送 2.混凝土强度等级:C30	m3	TJ	TJ〈体积〉		
2	10105024 HB0213675 80213685	换	C20泵送混凝土（有梁板）换为【预拌泵送普通混凝土 泵送100m以下 C30(42.5) 碎石25mm 坍落度160-200mm】		m3	TJ	TJ〈体积〉	247.29	
3	011702014	项	有梁板模板	1.支撑高度:大于3.6m以上	m2	MBMJ	MBMJ〈底面模板面积〉		
4	10117053	定	现浇混凝土胶合板模板 有梁板		m2	MBMJ	MBMJ〈底面模板面积〉	55.94	
5	10117087	定	梁、板模板支撑高度超过3.6m、不超过6m（每增加0.5m）		m2	CGMBMJT6N	CGMBMJT6N〈超高模板面积(3.6m)〉	3.87	

图3.76

4）板画法讲解

（1）点画绘制板

仍以LB-160为例，定义好楼板属性后，单击"点"命令，在LB-160区域单击鼠标左键，即可布置LB-160，如图3.77所示。

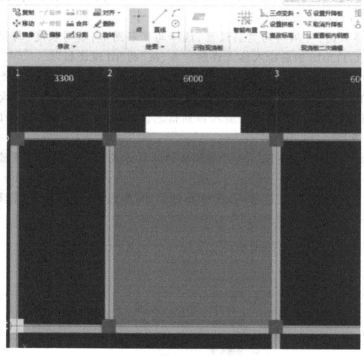

图3.77

（2）直线绘制板

仍以LB-160为例，单击"直线"命令，用鼠标左键分别单击LB-160边界区域的交点，围成一个封闭区域，即可布置LB-160，如图3.78所示。

（3）自动生成板

当板下的梁、墙绘制完毕，且图中板类别较少时，可使用自动生成板，软件会自动根据图中梁和墙围成的封闭区域来生成整层的板。自动生成完毕之后，需要对照图板，修改软件中与图纸中信息不符合的部分，在软件中相应位置删除图纸中无板的地方。

图 3.78

5)板受力筋的属性定义和绘制

(1)板受力筋的属性定义

在导航树中选择"板"→"板受力筋",在"构件列表"中选择"新建"→"新建板受力筋",以ⓒ~ⓓ轴、②~③轴上的板受力筋Φ10@150为例,新建板受力筋SLJ-Φ10@150,根据SLJ-Φ10@150在图纸中的布置信息,在"属性编辑框"中输入相应的属性值,如图3.79所示。

	属性名称	属性值	附加
1	名称	C10-150	
2	类别	底筋	☐
3	钢筋信息	Φ10@150	☐
4	左弯折(mm)	(0)	☐
5	右弯折(mm)	(0)	☐
6	备注		☐
7	⊟ 钢筋业务属性		
8	钢筋锚固	(35)	
9	钢筋搭接	(49)	
10	归类名称	(C10-150)	☐
11	汇总信息	(板受力筋)	☐
12	计算设置	按默认计算设置计算	
13	节点设置	按默认节点设置计算	
14	搭接设置	按默认搭接设置计算	
15	长度调整(...		☐
16	⊞ 显示样式		

图 3.79

【说明】

①名称:结施图中没有定义受力筋的名称,用户可根据实际情况输入较容易辨认的名称,这里按钢筋信息输入"Φ10@150"。

②类别：在软件中可以选择底筋、面筋、中间层筋和温度筋，根据图纸信息，进行正确选择，在此为底筋，也可以不选择，在后面绘制受力筋可重新设置钢筋类别。

③钢筋信息：按照图中钢筋信息输入"±10@150"。

④左弯折和右弯折：按照实际情况输入受力筋的端部弯折长度。软件默认为"0"，表示按照计算设置中默认的"板厚−2倍保护层厚度"来计算弯折长度。此处会关系钢筋计算结果，如果图纸中没有特殊说明，不需要修改。

⑤钢筋锚固和搭接：取楼层设置中设定的数值，可根据实际图纸情况进行修改。

⑥长度调整：输入正值或负值，对钢筋的长度进行调整，此处不输入。

（2）板受力筋的绘制

在导航树中选择"板受力筋"，单击"建模"，在板受力筋二次编辑中单击"布置受力筋"，如图3.80所示。

布置板的受力筋，按照布置范围，有"单板""多板""自定义""按受力筋范围"布置；按照钢筋方向有"XY方向""水平""垂直"布置，还有"两点""平行边""弧线边布置放射筋"以及"圆心布置放射筋"，如图3.81所示。

图3.80

○ 单板 ○ 多板 ○ 自定义 ○ 按受力筋范围 ○ XY方向 ● 水平 ○ 垂直 ○ 两点 ○ 平行边 ○ 弧线边布置放射筋 ○ 圆心布置放射筋

图3.81

以©~①轴与②~③轴的LB-160受力筋布置为例，由施工图可知，LB-160的板受力筋只有底筋，底筋各个方向的钢筋信息一致，都是±10@150，这里采用"双向布置"。

①选择"单板"→"双向布置"，选择块板LB-160，弹出如图3.82所示的对话框。

图3.82

【说明】

①双向布置：适用于某种钢筋类别在两个方向上布置的信息是相同的情况。

②双网双向布置：适用于底筋与面筋在X和Y两个方向上钢筋信息全部相同的情况。

③XY向布置：适用于底筋的X、Y方向信息不同，面筋的X、Y方向信息不同的情况。

④选择参照轴网：可以选择以那个轴网的水平或竖直方向为基准，进行布置，不勾选时，以绘图区水平方向为X方向，竖直方向为Y方向。

②由于LB-160的板受力筋只有底筋，而且在两个方向上的布置信息是相同的，因此选择"双向布置"，在"钢筋信息"中选择相应的受力筋名称SLJ-Φ10@150，单击"确定"按钮，即可布置单板的受力筋，如图3.83所示。

双向布置：在不同类别的钢筋配筋不同时使用，如果底筋与面筋配筋不同，但见底筋或面筋的X、Y方向配筋相同时可使用。

X、Y向布筋：当底筋或面筋的X、Y方向配筋都不相同时，可使用此分开设置X、Y向的钢筋。

再以©~⑩轴与⑤~⑥轴的LB-160的受力筋布置为例，该位置的LB-160只有底筋，板受力筋X、Y方向的底筋信息不同，则可采用"XY向布置"，如图3.84所示。

图3.83

图3.84

©~⑩轴与⑤~⑥轴的LB-160板受力筋布置图（详见结施-10），如图3.85所示。受力筋布置完成后如图3.86所示。

图3.85

图3.86

（3）应用同名板

由于LB-160的钢筋信息，除了©~⑩轴与⑤~⑥轴的LB-160上的板受力筋配筋不同，剩余的都是相同的，下面使用"应用同名板"来布置其他同名板的钢筋。

①选择"建模""应用同名板"命令，如图3.87所示。

②选择已经布置上钢筋©~⑩轴与②~③轴的LB-160图元，单击鼠标右键确定，则其

他同名称的板都布置上了相同的钢筋信息。同时ⓒ~ⓓ轴与⑤~⑥轴的LB-160也会布置同样的板受力筋，将其对应图纸进行正确修改即可。

对于其他板的钢筋,可采用相应的布置方式进行布置。

6)跨板受力筋的定义与绘制

下面以结施-10中的ⓑ~ⓒ轴、②~③轴的楼板的跨板受力筋ф12@200为例,介绍跨板受力筋的定义和绘制。

(1)跨板受力筋的定义

在导航树中选择"受力筋",在受力筋的"构件列表"中,单击"新建"按钮,选择"新建跨板受力筋",如图3.88所示。

图3.87

图3.88

软件将弹出如图3.89所示的"新建跨板受力筋"界面。

	属性名称	属性值	附加
1	名称	KBSLJ-Φ10@200	
2	类别	面筋	☐
3	钢筋信息	Φ10@200	☐
4	左标注(mm)	800	☐
5	右标注(mm)	800	☐
6	马凳筋排数	1/1	☐
7	标注长度位置	(支座外边线)	☐
8	左弯折(mm)	(0)	☐
9	右弯折(mm)	(0)	☐
10	分布钢筋	(Φ8@200)	☐
11	备注		☐

图3.89

左标注和右标注:左右两边伸出支座的长度,根据图纸中的标注进行输入。

马凳筋排数:根据实际情况输入。

标注长度位置:可选择支座中心线、支座内边线和支座外边线,如图3.90所示。根据图纸中标注的实际情况进行选择。此工程选择"支座外边线"。

分布钢筋:结构说明结施-01(2)中,板厚小于110 mm时,分布钢筋直径、间距为ф@200,板厚12~160 mm时,分布钢筋直径、间距为ф8@200。也可在计算设置中对相应的项进行输入,这样就不用针对每一个钢筋构件进行输入了。具体参考"2.2 计算设置"中钢筋设置的部分内容。

(2)跨板受力筋的绘制

对于该位置的跨板受力筋,可采用"单板"和"垂直"布置的方式来绘制,选择"单板",再选择"垂直",单击Ⓑ~Ⓒ轴、②~③轴的楼板,即可布置垂直方向的跨板受力筋。其他位置的跨板受力筋采用同样的方式布置。

7)负筋的属性定义与绘制

下面以结施-10上的8号负筋为例,介绍负筋的定义和绘制,如图3.91所示。

图 3.90 图 3.91

(1)负筋的定义

在导航树中,单击"板"→"板负筋",在"构件列表"中新建"板负筋"FJ-Φ10@200。定义板负筋属性,如图3.92所示。

图 3.92

左标注和右标注：8号负筋只有一侧标注，左标注输入"1500"，右标注输入"0"。

单边标注位置：根据图中实际情况，选择"支座内边线"。

对②~③轴LB-160在②轴上的10号负筋⚏12@200的属性定义，如图3.93所示。

	属性名称	属性值	附加
1	名称	C12-200	☐
2	钢筋信息	⚏12@200	☐
3	左标注(mm)	1500	☐
4	右标注(mm)	1500	☐
5	马凳筋排数	1/1	☐
6	单边标注位置	(支座内边线)	☐
7	左弯折(mm)	(0)	☐
8	右弯折(mm)	(0)	☐
9	分布钢筋	⚏8@200	☐
10	备注		☐
11	+ 钢筋业务属性		
19	+ 显示样式		

图3.93

对于左右均有标注的负筋，有"非单边标注含支座宽"的属性，指左右标注的尺寸是否含支座宽度，这里根据实际图纸情况选择"否"，其他内容与8号负筋输入方式一致。按照同样的方式定义其他负筋。

（2）负筋的绘制

负筋定义完毕后，回到绘图区，对于②~③轴、Ⓒ~Ⓓ轴之间的LB-160进行负筋的布置。

①对于上侧8号负筋，单击"板负筋二次编辑"面板上的"布置负筋"，选项栏则会出现布置方式，有按梁布置、按圈梁布置、按连梁布置、按墙布置、按板边布置及画线布置，如图3.94所示。

图3.94

先选择"按墙布置"，再选择墙，按提示栏的提示单击墙，鼠标移动到墙图元上，则墙图元显示一道蓝线，同时显示出负筋的预览图，下侧确定方向，即可布置成功。

②对于②轴上的10号负筋，选择"按梁布置"，再选择梁段，鼠标移动到梁图元上，则梁图元显示一道蓝线，同时显示出负筋的预览图，单击鼠标左键确定方向，即可布置成功。

本工程中的负筋都可按墙、按梁或按板边布置，也可选择画线布置。

四、任务结果

1）板构件的任务结果

①根据上述普通楼板LB-160的定义方法，将本层剩下的楼板定义好。

②用点画、直线、矩形等法将①轴与⑧轴间的板绘制好，布置完钢筋后如图3.95所示。

图 3.95

③汇总计算，首层板清单、定额工程量，见表3.20。

表 3.20　首层板清单、定额工程量

编码	项目名称	单位	工程量明细	
			绘图输入	表格输入
010505001001	有梁板 (1)混凝土种类:泵送商品混凝土 (2)混凝土强度等级:C30	m³	78.740	
10105024	C30预拌泵送普通混凝土(有梁板)	m³	78.740	
011702014001	有梁板模板 支撑高度:大于3.6 m,小于4.1 m	m²	474.015	
10117053	现浇混凝土胶合板模板(板 有梁板)	m²	474.015	
10117087	增加费(梁、板模板支撑高度超过3.6 m、不超过6 m每增加0.5 m)	m²	267.625	
010505008001	雨篷、悬挑板、阳台板	m³	2.583	
10105032	泵送混凝土(雨篷 板)	m³	2.583	
011702023001	雨篷、悬挑构件模板 支撑高度:大于3.6 m,小于4.1 m	m²	16.388	
10117059	现浇混凝土胶合板模板(板 雨篷)	m²	16.388	
10117087	增加费(梁、板模板支撑高度超过3.6 m、不超过6 m每增加0.5 m)	m²	16.388	

2)首层板钢筋量汇总表

首层板钢筋量汇总表,见表3.21(见报表预览——构件汇总信息分类统计表)。

表3.21　首层板钢筋工程量

汇总信息	HPB300		HRB400			
	8	合计(kg)	8	10	12	合计(kg)
板负筋	353.761	353.761	79.22	444.874	1307.381	1831.475
板受力筋	199.372	199.372	46.06	4240.243	549.85	4790.093
电梯井处放射筋			0.01	0.007		0.017
合计(kg)	553.133	553.133	125.29	4685.124	1857.231	6621.585

五、总结拓展

①当板顶标高与层顶标高不一致时，在绘制板后可以通过单独调整这块板的属性来调整标高。

②④轴与⑤轴之间，左边与右边的板可以通过镜像绘制，绘制方法与柱镜像绘制方法相同。

③板属于面式构件，绘制方法和其他面式构件相似。

④在绘制跨板受力筋或负筋时，若左右标注和图纸标注正好相反，进行调整时，可使"交换标注"功能。

问题思考

(1)用点画法绘制板需要注意哪些事项?对绘制区域有什么要求?

(2)当板为有梁板时,板与梁相交时的扣减原则是什么?

3.5　首层砌体结构工程量计算

通过本节的学习,你将能够:

(1)依据定额和清单分析砌体墙的工程量计算规则;

(2)运用点加长度绘制墙图元;

(3)统计本层砌体墙的阶段性工程量;

(4)正确计算砌体加筋属性工程量。

一、任务说明

①完成首层砌体墙的属性定义、做法套用及图元绘制。

②汇总计算,统计本层砌体墙的工程量。

二、任务分析

①首层砌体墙在计量时的主要尺寸有哪些?从哪个图中的什么位置能够找到?有多少种类的墙?

②砌体墙不在轴线交点上如何使用点加长度绘制?

③砌体墙中清单计算的厚度与定额计算的厚度不一致时该如何处理?墙的清单项目特征描述是如何影响定额匹配的?

④虚墙的作用是什么?应如何绘制?

三、任务实施

1)分析图纸分析

建施-01、建施-04、建施-09、结施-01(2)可以得到砌体墙的基本信息,见表3.22。

表3.22 砌体墙表

序号	类型	砌筑砂浆	材质	墙厚(mm)	标高	备注
1	外墙	M5水泥砂浆	加气混凝土砌块	250	−0.05~+3.85	梁下墙
2	内墙	M5水泥砂浆	加气混凝土砌块	200	−0.05~+3.85	梁下墙

2)砌体墙清单、定额计算规则学习

(1)清单计算规则学习

砌体墙清单计算规则,见表3.23。

表3.23 砌体墙清单计算规则

编码	项目名称	单位	计算规则
010402001	砌块墙	m^3	按设计图示尺寸以体积计算

(2)定额计算规则学习

砌体墙定额计算规则,见表3.24。

表3.24 砌体墙定额计算规则

编码	项目名称	单位	计算规则
10104017	砌块砌体(蒸压加气混凝土砌体墙 现拌砂浆200 mm厚以内)	m^3	按设计图示尺寸以立方米计算,扣除门窗洞口、单个面积大于0.3 m^2的孔洞、嵌入墙内的钢筋混凝土柱、梁、圈梁、挑梁、过梁、反梁及凹进墙内的壁龛、管槽、消火栓箱所占体积,不扣除梁头、板头、砖墙内加固钢筋及单个面积0.3 m^2以内的孔洞所占体积。凸出墙面的砖垛并入墙体体积内计算。砌体厚度应按砖实际规格计算

3)砌块墙属性定义

新建砌块墙的方法参见新建剪力墙的方法,这里只是简单地介绍新建砌块墙需要注意的事项。

内/外墙标志:外墙和内墙要区别定义,除了对自身工程有影响外,还影响其他构件的智能布置。这里可根据工程实际需要对标高进行定义,如图3.96和图3.97所示。本工程是按照软件默认的高度进行设置的,软件会根据定额的计算规则对砌体墙和混凝土相交的地方进行自动处理。

图3.96　　　　　　　　　　　　　　图3.97

4)做法套用

砌块墙的做法套用,如图3.98所示。

图3.98

5)画法讲解

(1)直线

直线画法跟前面所讲构件的直线画法类似,参照前面所讲构件的直线画法进行操作。

(2)点加长度

在③轴与Ⓐ轴相交处到②轴与Ⓐ轴相交处的墙体,向左延伸了1400 mm(中心线距离),墙体总长度为6000 mm+1400 mm,单击"直线",再选择"点加长度",在"长度"处输入框中输入"7400",如图3.99所示。接着,在绘图区域单击③轴与Ⓐ轴的交点,然后向左找到②轴与Ⓐ轴的交点,即可实现该段墙体延伸部分的绘制。使用"对齐"命令,将墙体与柱对齐即可。

图3.99

（3）偏移绘制

用"Shift+左键"可绘制偏移位置的墙体。在直线绘制墙体的状态下，按住"Shift"键的同时单击②轴和Ⓐ轴的相交点，弹出"输入偏移量"对话框，在"X="的地方输入"-1400"，单击"确定"按钮，然后向Ⓐ轴的方向绘制墙体。

按照"直线"的画法，绘制好其他相似位置的砌体墙。

四、任务结果

汇总计算，首层砌体墙的清单、定额工程量，见表3.25。

表3.25　首层砌体墙的清单、定额工程量

编码	项目名称	单位	工程量明细	
			绘图输入	表格输入
010402001001	（1）砖品种、规格、强度等级：200 mm厚加气混凝土块 （2）墙体类型：内墙 （3）砂浆强度等级：M5水泥砂浆	m³	84.5114	
10104017	砌块砌体（蒸压加气混凝土　砌体墙　现拌砂浆200 mm厚以内）	m³	84.5114	
010402001002	（1）砖品种、规格、强度等级：250 mm厚加气混凝土块 （2）墙体类型：外墙 （3）砂浆强度等级：M5水泥砂浆	m³	42.8031	
10104017	砌块砌体（蒸压加气混凝土　砌体墙　现拌砂浆200 mm厚以内）	m³	42.8031	
010402001003	（1）砖品种、规格、强度等级：250 mm厚加气混凝土块 （2）墙体类型：外墙（弧形） （3）砂浆强度等级：M5水泥砂浆	m³	5.1806	
10104017	砌块砌体（蒸压加气混凝土　砌体墙　现拌砂浆200 mm厚以内）圆弧形砌筑	m³	5.1806	
010402001004	（1）砌块品种、规格、强度等级：100 mm厚加气混凝土砌块 （2）墙体类型：外墙 （3）砂浆强度等级：水泥砂浆 M5	m³	2.2156	
10104016	砌块砌体（蒸压加气混凝土　砌体墙　现拌砂浆120 mm厚以内）	m³	2.2156	

【说明】

因砌体墙的工程量受到洞口面积的影响，因此统计需在门窗洞口、构造柱、圈过梁等构件绘制完毕后，再行砌体墙的工程量汇总计算。

五、总结拓展

1)软件对内外墙定义的规定

该软件为方便内外墙的区分以及平整场地散水、建筑面积、装修等进行外墙轴线的智能布置，需要人为进行内外墙的设置。

2)砌体加筋的定义和绘制（在完成门窗洞口、圈梁、构造柱等后进行操作）

（1）分析图纸

分析图纸结施-01（2）"结构设计总说明"，可知"7.砌体墙"中"（3）砌体墙与柱、抗震墙及构造柱连接处应设拉结筋，做法见图8"，以及"（7）墙体加筋为2φ6@600，遇到圈梁、框架梁起步为200 mm，遇到构造柱锚固为200 mm，遇到门窗洞口退一个保护层（60 mm），加弯折（60 mm），遇到过梁梁头也是退一个保护层（60 mm），加弯折（60 mm）"。

（2）砌体加筋的定义

下面以④轴和⑧轴交点处的L形砌体墙位置的加筋为例，介绍砌体加筋的定义和绘制。

①在导航树中，选择"墙"→"砌体加筋"，在"新建列表"中单击"新建"→"新建砌体加筋"。

②根据砌体加筋所在的位置选择参数图形，软件中有L形、T形、"十"字形和"一"字形供选择，各自适用于相应形状的砌体相交形式。例如，对于④轴和⑧轴交点处的L形砌体墙位置的加筋，选择L形的砌体加筋定义和绘制。

a.选择参数化图形：选择"L-5形"。砌体加筋参数图的选择主要看钢筋的形式，只要选择的钢筋形式与施工图中完全一致即可。

b.参数输入：Ls1和Ls2指两个方向的加筋伸入砌体墙内的长度，输入"700"（图3.100）；b1指竖向砌体墙的厚度，输入"200"；b2指横向砌体墙的厚度，输入"200"。单击"确定"按钮，回到属性输入界面，如图3.100所示。

图3.100

c.根据需要输入名称,按照总说明,每侧钢筋信息为2φ6@600,1#加筋、2#加筋分别输入"2φ6@600",如图3.101所示。

图3.101

d.结合结施-01(2)中"7.砌体墙"中墙体加筋的说明,遇到圈梁、框架梁起步为200 mm,遇到构造柱锚固200 mm,因此加筋伸入构造柱的锚固长度需要在计算设置中设定。因为本工程所有砌体加筋的形式和锚固长度一致,所以可以在"工程设置"选项卡中选择"钢筋设置"→"计算设置",针对整个工程的砌体加筋进行设置,如图3.102所示。

图3.102

在砌体加筋的钢筋信息和锚固长度设置完毕后,定义构件完成。按照同样的方法可定义其他位置的砌体加筋。

(3)砌体加筋的绘制

在绘图区域中,在④轴和⑧轴交点处绘制砌体加筋,单击"点",选择"旋转点",然后选择所在位置,再选择水平向原体墙的左侧端点确定方向,则绘制成功,如图 3.103 所示。

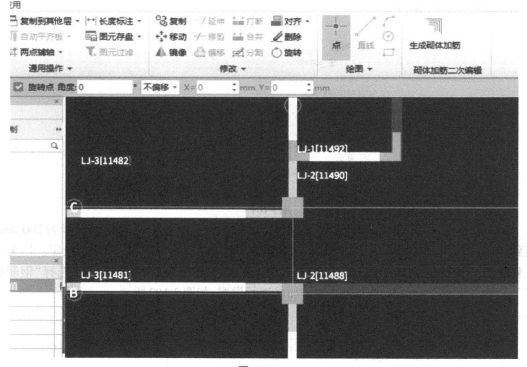

图 3.103

当所绘制的砌体加筋与墙体不对齐时,可采用"对齐"功能将其对应到所在的位置。

其他位置加筋的绘制,可根据实际情况选择"点"画法或者"旋转点"画法,也可使用"生成砌体加筋"。

砌体加筋的绘制流程如下:新建→选择参数图→输入截面参数→输入钢筋信息→计算设置(本工程一次性设置完毕就不用再设置)→绘制。

对本工程来说,针对不同的墙相交类型应选择相应的砌体加筋形式,如 L 形、十字形和一字形;针对不同的墙厚,需要修改参数图中的截面参数;钢筋信息按照参数图中存在的钢筋型号的数量输入 1#~4# 的钢筋,参数图中没有的则不用输入。

问 题思考

(1)思考"Shift+左键"的方法还可以应用在哪些构件的绘制中?

(2)怎样计算框架间墙的长度?

(3)在定义墙的构件属性时为什么要区分内、外墙的标志?

3.6 门窗、洞口及附属构件工程量计算

通过本节的学习,你将能够:
(1)通过软件正确计算门窗、洞口的工程量;
(2)通过软件正确计算过梁、圈梁及构造柱的工程量。

3.6.1 门窗、洞口的工程量计算

通过本小节的学习,你将能够:
(1)定义门窗洞口;
(2)绘制门窗图元;
(3)统计本层门窗的工程量。

一、任务说明

①完成首层门窗、洞口的定义、做法套用及图元绘制。
②使用精确和智能布置绘制门窗。
③汇总计算,统计本层门窗的工程量。

二、任务分析

①首层门窗的尺寸种类有多少?影响门窗位置的离地高度如何设置?门窗在墙中是如何定位的?
②门窗的清单与定额如何匹配?
③不精确布置门窗会有可能影响哪些项目的工程量?

三、任务实施

1)分析图纸

分析图纸建施-01、建施-03、建施-09至建施-10,可得到门窗的信息,见表3.26。

表3.26 门窗表

编码	名称	规格(洞口尺寸)(mm)		数量						备注
		宽	高	地下1层	1层	2层	3层	4层	总计	
FM甲1021	甲级防火门	1000	2100	2					2	甲级防火门
FM乙1121	乙级防火门	1100	2100	1	1				2	乙级防火门
M5021	旋转玻璃门	5000	2100		1				1	甲方确定
M1021	木质夹板门	1000	2100	18	22	20	20	20	98	甲方确定
C0924	塑钢窗	900	2400		4	4	4	4	16	详见立面

续表

编码	名称	规格(洞口尺寸)(mm)		数量						备注
		宽	高	地下1层	1层	2层	3层	4层	总计	
C1524	塑钢窗	1500	2400		2	2	2	2	8	详见立面
C1624	塑钢窗	1600	2400	2	2	2	2	2	10	详见立面
C1824	塑钢窗	1800	2400		4	4	4	4	16	详见立面
C2424	塑钢窗	2400	2400		3	3	3	3	12	详见立面
PC1	飘窗(塑钢窗)	见平面	2400		2	2	2	2	8	详见立面
C5027	塑钢窗	5000	2700			1	1	1	3	详见立面

2)门窗清单、定额计算规则学习

（1）清单计算规则学习

门窗清单计算规则,见表3.27。

表3.27　门窗清单计算规则

编码	项目名称	单位	计算规则
010801004	木质防火门	m²	1.以樘计量,按设计图示数量计算 2.以m²计量,按设计图示洞口尺寸以面积计算
010805002	旋转门	m²	
010802003	钢质防火门	m²	
010807001	金属(塑钢、断桥)窗	m²	

（2）定额计算规则学习

门窗定额计算规则,见表3.28。

表3.28　门窗定额计算规则

编码	项目名称	单位	计算规则
10108064	其他门[全玻旋转门(直径3.6 m、不锈钢柱、玻璃12 mm)]	樘	按设计图示以樘计算
10108004	成品木门安装(木质防火门安装)	m²	按设计图示洞口尺寸以面积计算
10108028	钢质防火、防盗门(钢质防火门)	m²	
10108079	塑钢成品窗(塑钢推拉窗)	m²	

3)构件的属性定义

（1）门的属性定义

在导航树中单击"门窗洞"→"门"。在"构件列表"中选择"新建"→"新建矩形门",在"属性编辑框"中输入相应的属性值。

①洞口宽度、洞口高度：从门窗表中可以直接得到属性值。

②框厚：输入门实际的框厚尺寸,对墙面块料面积的计算有影响,本工程输入

为"60"。

③立樘距离：门框中心线与墙中线的距离，默认为"0"。如果门框中心线在墙中心线的左边，该值为负；反之，为正。

④框左右扣尺寸、框上下扣尺寸：如果计算规则要求门窗按框外围计算，输入框扣尺寸。

（2）门的属性值及做法套用

门的属性值及做法套用，如图3.104—图3.106所示。

图3.104

图3.105

图3.106

（3）窗的属性定义

在导航树中选择"门窗洞"→"窗"，单击"定义"按钮，进入窗的定义界面，在"构件列表"中选择"新建"→"新建矩形窗"，新建"矩形窗C0924"。

【注意】

窗离地高度＝50 mm＋600 mm＝650 mm（相对结构标高－0.050 mm而言），如图3.107所示。

图 3.107

（4）窗的属性值及做法套用

窗的属性值及做法套用，如图 3.108 所示。

图 3.108

其他窗可通过"复制"定义，修改名称和洞口宽度，如图 3.109—图 3.112 所示。

	属性名称	属性值	附加
1	名称	C1824	
2	类别	普通窗	☐
3	顶标高(m)	层底标高+3.05	☐
4	洞口宽度(mm)	1800	☐
5	洞口高度(mm)	2400	☐
6	离地高度(mm)	650	☐
7	框厚(mm)	60	☐
8	立樘距离(mm)	0	☐
9	洞口面积(m²)	4.32	☐
10	框外围面积(m²)	(4.32)	☐
11	框上下扣尺寸(...	0	☐
12	框左右扣尺寸(...	0	☐
13	是否随墙变斜	是	☐
14	备注		☐
15	⊞ 钢筋业务属性		
20	⊞ 土建业务属性		
22	⊞ 显示样式		

图 3.109

	属性名称	属性值	附加
1	名称	C1624	
2	类别	普通窗	☐
3	顶标高(m)	层底标高+3.05	☐
4	洞口宽度(mm)	1600	☐
5	洞口高度(mm)	2400	☐
6	离地高度(mm)	650	☐
7	框厚(mm)	60	☐
8	立樘距离(mm)	0	☐
9	洞口面积(m²)	3.84	☐
10	框外围面积(m²)	(3.84)	☐
11	框上下扣尺寸(...	0	☐
12	框左右扣尺寸(...	0	☐
13	是否随墙变斜	是	☐
14	备注		☐
15	⊞ 钢筋业务属性		
20	⊞ 土建业务属性		
22	⊞ 显示样式		

图 3.110

	属性名称	属性值	附加
1	名称	C1524	
2	类别	普通窗	☐
3	顶标高(m)	层底标高+3.05	☐
4	洞口宽度(mm)	1500	☐
5	洞口高度(mm)	2400	☐
6	离地高度(mm)	650	☐
7	框厚(mm)	60	☐
8	立樘距离(mm)	0	☐
9	洞口面积(m²)	3.6	☐
10	框外围面积(m²)	(3.6)	☐
11	框上下扣尺寸(…	0	☐
12	框左右扣尺寸(…	0	☐
13	是否随墙变斜	是	☐
14	备注		☐
15	⊕ 钢筋业务属性		
20	⊕ 土建业务属性		
22	⊕ 显示样式		

图 3.111

	属性名称	属性值	附加
1	名称	C2424	
2	类别	普通窗	☐
3	顶标高(m)	层底标高+3.05	☐
4	洞口宽度(mm)	2400	☐
5	洞口高度(mm)	2400	☐
6	离地高度(mm)	650	☐
7	框厚(mm)	60	☐
8	立樘距离(mm)	0	☐
9	洞口面积(m²)	5.76	☐
10	框外围面积(m²)	(5.76)	☐
11	框上下扣尺寸(…	0	☐
12	框左右扣尺寸(…	0	☐
13	是否随墙变斜	是	☐
14	备注	详见立面	☐
15	⊕ 钢筋业务属性		
20	⊕ 土建业务属性		
22	⊕ 显示样式		

图 3.112

4)做法套用

M1021 做法套用信息如图 3.113 所示。M5021 做法套用信息如图 3.114 所示。C0924 做法套用信息如图 3.115 所示。其他几个窗的做法套用同 C0924。

图 3.113

图 3.114

图 3.115

5)门窗洞口的画法

讲解门窗洞构件属于墙的附属构件,也就是说,门窗洞构件必须绘制在墙上。

门窗最常用的是"点"绘制。对于计算来说,一段墙扣减门窗洞口面积,只要将门窗绘制在墙上即可,一般对于位置要求不是很精确,因此直接采用点绘制即可。在点绘制时,软件默认开启动态输入的数值框,可直接输入一边距墙端头的距离,或通过"Tab"键切换输入框。

门窗的绘制还经常使用"精确布置"的方法。当门窗紧邻柱等构件布置时,考虑其上过梁与旁边的柱、墙扣减关系,需要对这些门窗精确定位。

（1）绘制门

①智能布置:墙段中点,如图 3.116 所示。

图 3.116

②精确布置：用鼠标左键选择参考点，在输入框中输入偏移值：600，如图 3.117所示。

图 3.117

③点绘制："Tab"键交换左右输入框，如图 3.118所示。

图 3.118

④复制粘贴：如图 3.119 所示。

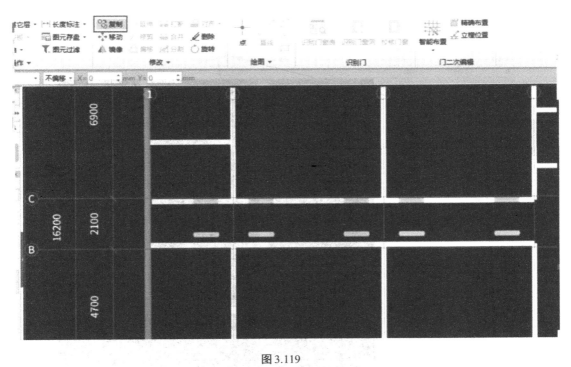

图 3.119

⑤镜像：如图 3.120 所示。

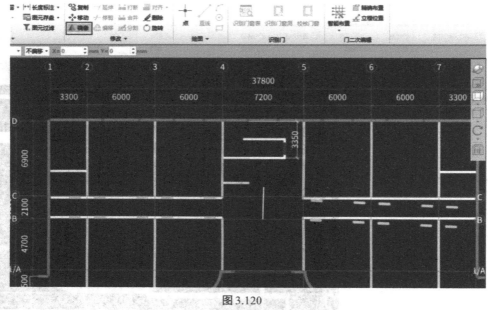

图 3.120

（2）绘制窗

①"点"绘制，如图 3.121 所示。

图 3.121

②精确布置：以Ⓐ、②~③轴的C0924为例，用鼠标左键单击Ⓐ轴和②轴的交点，输入850，然后按"Enter"键即可。其他操作方法类似，如图3.122所示。

图3.122

③长度标注：可利用"长度标注"命令，检查门窗布置的位置是否正确，如图3.123所示。

图3.123

④镜像：可利用"镜像"命令，快速完成建模，如图3.124所示。

图 3.124

6)阳台处转角窗的定义和绘制

①图纸建施-12,转角窗。顶标高:3.00,底标高:0.300,如图3.125所示。

图 3.125

②属性定义及做法套用,如图3.126所示(在软件中需要考虑建筑与结构标高相差0.050)。

图 3.126

③转角窗绘制。选择"智能布置":"墙"→拉框选择墙,如图3.127所示。

图 3.127

7)飘窗的属性定义及绘制

①识图,建施-04和建施-12,如图3.128所示。飘窗钢筋信息见结施-10中1—1详图,如图3.129所示。

图 3.128

1—1详图（飘窗处）

注：飘窗板根部构件长度同飘窗板长度

图3.129

②定义飘窗，如图3.130所示。

图3.130

修改相关属性值，如图3.131所示。

③做法套用，如图3.132所示。

④绘制。采用精确布置方法，如图3.133所示。建施-04中右侧飘窗操作方法相同，也可使用"镜像"命令完成绘制。

图 3.131

图 3.132

图 3.133

四、任务结果

汇总计算,统计本层门窗的清单、定额工程量,见表3.29。

表3.29　门窗的清单、定额工程量

编码	项目名称	单位	工程量明细	
			绘图输入	表格输入
010801004001	木质防火门 (1)门代号及洞口尺寸:M1021 (2)门框或扇外围尺寸:1000 mm×2100 mm (3)门框、扇材质:木质防火门	m²	46.2	
10108004	成品木门安装(木质防火门安装)	m²	46.2	
010802003001	钢质防火门 (1)门代号及洞口尺寸:FM乙1121 (2)门框或扇外围尺寸:1100 mm×2100 mm (3)门框、扇材质:乙级钢质防火门	m²	2.31	
10108028	钢质防火、防盗门(钢质防火门)	m²	2.31	
010805002001	旋转门 (1)门代号及洞口尺寸:M5021 (2)门框或扇外围尺寸:5000 mm×2100 mm (3)门框、扇材质:全玻璃转门	樘	1	
10108064	其他门[全玻旋转门(直径3.6 m、不锈钢柱、玻璃12 mm)]	樘	1	
010807001001	金属(塑钢、断桥)窗 (1)窗代号及洞口尺寸:C0924 (2)门框或扇外围尺寸:900 mm×2400 mm (3)门框、扇材质:塑钢	m²	8.64	
10108079	塑钢成品窗(塑钢推拉窗)	m²	8.64	
010807001001	金属(塑钢、断桥)窗 (1)窗代号及洞口尺寸:C1824 (2)门框或扇外围尺寸:1800 mm×2400 mm (3)门框、扇材质:塑钢	m²	17.28	
10108079	塑钢成品窗(塑钢推拉窗)	m²	17.28	
010807001001	金属(塑钢、断桥)窗 (1)窗代号及洞口尺寸:C1624 (2)门框或扇外围尺寸:1600 mm×2400 mm (3)门框、扇材质:塑钢	m²	7.68	
10108079	塑钢成品窗(塑钢推拉窗)	m²	7.68	
010807001001	金属(塑钢、断桥)窗 (1)窗代号及洞口尺寸:C1524 (2)门框或扇外围尺寸:1500 mm×2400 mm (3)门框、扇材质:塑钢	m²	7.2	
10108079	塑钢成品窗(塑钢推拉窗)	m²	7.2	

编码	项目名称	单位	工程量明细	
			绘图输入	表格输入
010807001001	金属(塑钢、断桥)窗 (1)窗代号及洞口尺寸:C2424 (2)门框或扇外围尺寸:2400 mm×2400 mm (3)门框、扇材质:塑钢	m²	17.28	
10108079	塑钢成品窗(塑钢推拉窗)	m²	17.28	

问题思考

在什么情况下需要对门、窗进行精确定位?

3.6.2 过梁、圈梁、构造柱的工程量计算

通过本小节的学习,你将能够:

(1)依据定额和清单分析过梁、圈梁、构造柱的工程量计算规则;

(2)定义过梁、圈梁、构造柱;

(3)绘制过梁、圈梁、构造柱;

(4)统计本层过梁、圈梁、构造柱的工程量。

一、任务说明

①完成首层过梁、圈梁、构造柱的属性定义、做法套用及图元绘制。

②汇总计算,统计首层过梁、圈梁、构造柱的工程量。

二、任务分析

①首层过梁、圈梁、构造柱的尺寸种类分别有多少?分别能够从哪个图中什么位置能够找到?

②过梁伸入墙内长度如何计算?

③如何快速使用智能布置和自动生成构过梁、构造柱?

三、任务实施

1)分析图纸

(1)圈梁

图纸结施-01(2)中,所有外墙窗下标高处增加钢筋混凝土现浇带,截面尺寸为墙厚×180 mm。配筋上下各2⊕12,φ6@200。

(2)过梁

结施-01(2)中,过梁尺寸及配筋表,如图3.134所示。

过梁尺寸及配筋表

门窗洞口宽度	≤1200		>1200且≤2400		>2400且≤4000		>4000且≤5000	
断面 b×h	b×120		b×180		b×300		b×400	
墙厚 ＼ 配筋	①	②	①	②	①	②	①	②
b≤90	2Φ10	2Φ14	2Φ12	2Φ16	2Φ14	2Φ18	2Φ16	2Φ20
90<b<240	2Φ10	3Φ12	2Φ12	3Φ14	2Φ14	3Φ16	2Φ16	3Φ20
b≥240	2Φ10	4Φ12	2Φ12	4Φ14	2Φ14	4Φ16	2Φ16	4Φ20

图3.134

（3）构造柱

结施-01（2）中构造柱的尺寸、钢筋信息及布置位置，如图3.135所示。

（4）构造柱的设置：本图构造柱的位置设置见图9，构造柱的尺寸和配筋见图10。
构造柱上、下端框架梁处500 mm高度范围内，箍筋间距加密到@100。

图3.135

2）清单、定额计算规则学习

（1）清单计算规则学习

过梁、圈梁、构造柱清单计算规则，见表3.30。

表3.30　过梁、圈梁、构造柱清单计算规则

编码	项目名称	单位	计算规则
010503005	过梁	m³	按设计图示尺寸以体积计算。伸入墙内的梁头、梁垫并入梁体积内
011702009	过梁模板	m²	按模板与现浇混凝土构件的接触面积计算
010503004	圈梁	m³	按设计图示尺寸以体积计算。伸入墙内的梁头、梁垫并入梁体积内
011702008	圈梁模板	m²	按模板与现浇混凝土构件的接触面积计算
010502002	构造柱	m³	按设计图示尺寸以体积计算。柱高:构造柱按全高计算,嵌接墙体部分(马牙槎)并入柱身体积

编码	项目名称	单位	计算规则
011702003	构造柱模板	m²	按模板与现浇混凝土构件的接触面积计算
010507005	压顶	m³	(1)以m计量,按设计图示的中心线延长米计算 (2)以m³计量,按设计图示尺寸以体积计算
011702025	其他现浇构件模板	m²	按模板与现浇混凝土构件的接触面积计算

（2）定额计算规则学习

过梁、圈梁、构造柱定额计算规则,见表3.31。

表3.31 过梁、圈梁、构造柱定额计算规则

编码	项目名称	单位	计算规则
10105020	C25预拌非泵送普通混凝土(过梁)	m³	按设计图示尺寸以体积计算
10117052	现浇混凝土胶合板模板(梁 过梁)	m²	按图示混凝土与模板的接触面积计算
10105019	C25预拌非泵送普通混凝土(圈梁)	m³	按设计图示尺寸以体积计算
10117051	现浇混凝土胶合板模板(梁 圈梁)	m²	梁按图示混凝土与模板的接触面积计算
10105014	C25非泵送混凝土(构造柱)	m³	构造柱按全高计算,与砖墙嵌接部分(马牙槎)的体积并入柱身体积内。构造柱在平面图中因所处的位置不同,马牙槎的数量也就不同,应根据具体工程平面布置分别计算
10117048	现浇混凝土胶合板模板(柱 构造柱)	m²	(1)凡嵌入墙内的构造柱,其混凝土与砌体间竖向缝隙的宽度在5 cm以内者,按构造柱的支模高度以"m"计算 (2)构造柱混凝土有一面、二面、三面露明者,或混凝土与砌体间竖向缝隙的宽度在5 cm以外者,应以混凝土与模板接触面积按矩形柱模板定额计算
10105043	其他构件(C25预拌非泵送普通混凝土 扶手、压顶)	m³	按设计图示尺寸以体积计算
10117070	现浇混凝土胶合板模板(其他构件 压顶)	m²	按设计图示混凝土与模板的接触面积计算

3)属性定义及做法套用

①圈梁属性定义及做法套用,如图3.136所示。

图 3.136

②过梁属性定义及做法套用。

分析首层外墙厚为250 mm，内墙为200 mm。分析建施-01门窗表中门的门宽度为5000,1100和1000 mm。窗宽度为900,1500,1600,1800,2400 mm，则可依据门窗宽度新建过梁信息，如图3.137—图3.140所示。

图 3.137

图 3.138

图3.139

图3.140

③构造柱属性定义及做法套用,如图3.141所示。

图3.141

4)绘制构件

(1)圈梁绘制

利用"智能布置"功能,选中外墙有窗需要布置的部分,如图3.142所示。

图 3.142

（2）过梁绘制

绘制过梁，GL-1用智能布置功能，按门窗洞口宽度布置，如图3.143和图3.144所示。

图 3.143

图 3.144

用鼠标左键"确定"即可完成GL-1的布置。其他几根过梁操作方法同GL-1。GL-2："智能布置"按门窗洞口宽度布置，如图3.145所示。

GL-3："智能布置"按门窗洞口宽度布置，如图3.146所示。

GL-4：用点功能绘制，如图3.147所示。

图 3.147

（3）构造柱绘制

按照结施-01（2）图9所示的位置绘制上去即可。其绘制方法同柱，可选择窗的端点，按下"Shift"键，弹出"请输入偏移值"对话框，如图3.148所示。

图 3.148

单击"确定"按钮，完成后如图3.149所示。

图3.149

四、任务结果

汇总计算，统计本层过梁、圈梁、构造柱的清单、定额工程量，见表3.32。

表3.32 过梁、圈梁、构造柱的清单、定额工程量

编码	项目名称	单位	工程量
010502002001	构造柱 (1)混凝土种类:商品混凝土,非泵送 (2)混凝土强度等级:C25	m³	4.4022
10105014	C25非泵送混凝土(构造柱)	m³	4.4022
010510003001	过梁 (1)混凝土种类:商品混凝土,非泵送 (2)混凝土强度等级:C25	m³	2.5363
10105020	C25预拌非泵送普通混凝土(过梁)	m³	2.5363
010507005001	窗台下圈梁 (1)断面尺寸:250 mm×180 mm (2)混凝土种类:商品混凝土,非泵送 (3)混凝土强度等级:C25	m³	3.7883
10105019	C25预拌非泵送普通混凝土(圈梁)	m³	3.7883
011702003001	构造柱模板 模板高度:3.6 m以内	m²	47.0338
10117048	现浇混凝土胶合板模板 构造柱	m²	47.0338
011702009001	过梁模板 模板高度:3.6 m以内	m²	33.8005
10117052	现浇混凝土胶合板模板 过梁	m²	33.8005

续表

编码	项目名称	单位	工程量
011702008001	圈梁模板 模板高度:3.6 m以内	m²	29.8956
10117051	现浇混凝土胶合板模板 圈梁	m²	29.8956
10117081	圆弧形梁模板增加费	m²	2.4156

五、总结拓展

圈梁的属性定义

在导航树中单击"梁"→"圈梁",在"构件列表"中单击"新建"→"新建圈梁",在"属性编辑框"中输入相应的属性值,绘制完圈梁后,需手动修改圈梁标高。

问题思考

(1)简述构造柱的设置位置。

(2)为什么外墙窗顶没有设置圈梁?

(3)自动生成构造柱符合实际要求吗?如果不符合,则需要做哪些调整?

3.7 楼梯工程量计算

通过本节的学习,你将能够:
正确计算楼梯的土建及钢筋工程量。

3.7.1 楼梯的定义和绘制

通过本小节的学习,你将能够:

(1)分析整体楼梯包含的内容;

(2)定义参数化楼梯;

(3)绘制参数化楼梯;

(4)统计各层楼梯土建工程量。

一、任务说明

①使用参数化楼梯来完成楼梯属性定义及做法套用。

②汇总计算,统计楼梯的工程量。

二、任务分析

①楼梯由哪些构件组成?每一构件都对应有哪些工作内容?如何套用做法?

②如何正确编辑楼梯各构件的工程量表达式?

三、任务实施

1)分析图纸

分析建施-13、结施-13及各层平面图可知,本工程有一部楼梯,即位于④~⑤轴间与Ⓒ~Ⓓ轴间的为1号楼梯。楼梯从负一层开始到第三层。

依据定额计算规则可知,楼梯按照水平投影面积计算混凝土和模板面积。通过分析图纸可知,TZ1工程量不包含在整体楼梯中,需单独计算。

从建施-13剖面图可知,楼梯栏杆为1.05 m高栏杆带木扶手。由平面图知,阳台栏杆为0.9 m高的不锈钢栏杆。

2)定额、清单计算规则学习

(1)清单计算规则学习

楼梯清单计算规则,见表3.33。

表3.33　楼梯清单计算规则

编码	项目名称	单位	计算规则
010506001	直形楼梯	m²	按实际图示尺寸以水平投影面积计算。不扣除宽度小于500 mm的楼梯井,伸入墙内部分不计算
011702024	楼梯模板	m²	按楼梯(包括休息台、平梁、斜梁和楼层板的连接梁)的水平投影面积计算,不扣除宽度小于等于500 mm的楼梯井所占面积,楼梯踏步、踏步板、平台梁等侧面模板不另计算,伸入墙内部分亦不增加

(2)定额计算规则

楼梯定额计算规则,见表3.34。

表3.34　楼梯定额计算规则

编码	项目名称	单位	计算规则
10105037	C30预拌泵送普通混凝土(整体楼梯 直形)	m²	整体楼梯(包括休息平台、平台梁、斜梁及楼梯的连接梁)按水平投影面积计算,不扣除宽度小于500 mm的楼梯井,伸入墙内部分亦不增加
10117066	现浇混凝土胶合板模板(楼梯 直形楼梯 板式)	m²	现浇混凝土楼梯(包括休息平台、平台梁、斜梁及楼梯的连接梁)模板按水平投影面积计算,不扣除宽度小于500 mm的楼梯井、楼梯踏步、踏步板、平台梁等侧面模板不另计算,伸入墙内部分亦不增加

3)楼梯定义

楼梯可按照水平投影面积布置,也可绘制参数化楼梯,本工程按照参数化布置是为了方便计算楼梯地面抹灰等装修工程的工程量。

(1)新建楼梯

本工程楼梯为直形双跑楼梯,以本图纸楼梯为例进行讲解。在导航树中选择"楼梯"→"楼梯"→"参数化楼梯",如图3.150所示,选择"标准双跑楼梯",单击"确定"按钮,进入"选择参数化图形"对话框,按照结施-13中的数据更改右侧绿色字体,编辑完参数后单击"确定"按钮即可,如图3.151所示。

图3.150

图3.151

（2）定义属性

根据该案例，结合结施-13，对1号楼进行属性的信息输入，如图3.152所示。

图3.152

4）做法套用

1号楼梯的做法套用，如图3.153所示。

	编码	类别	名称	项目特征	单位	工程量表达式	表达式说明	单价	综合单价	措施项目
1	☐ 010506001	项	直形楼梯	1.混凝土种类（商品混凝土、现场拌制，泵送、非泵送）:商品混凝土，泵送 2.混凝土强度等级:C30	m2	TYMJ	TYMJ〈水平投影面积〉			☐
2	10105037 J80213675 80213685	换	C20泵送混凝土（圆体楼梯 直形）换为【拌和泵送商品混凝土 泵送100m以下 C30（42.5） 碎石25mm 填落度160～200mm】		m2	TYMJ	TYMJ〈水平投影面积〉	83.76		☐
3	☐ 011702024	项	楼梯模板		m2					☑
4	10117066	定	现浇混凝土胶合板模板 直形楼梯（板式）		m2	MBMJ	MBMJ〈模板面积〉	137.18		☑

图3.153

5）楼梯画法讲解

首层楼梯绘制。楼梯可以用点画绘制，用F4改变插入点，点画绘制时需要注意楼梯的位置。绘制的楼梯图元如图3.154所示。

图3.154

四、任务结果

汇总计算，统计首层楼梯的清单、定额工程量，见表3.35。

表3.35 首层楼梯的清单、定额工程量

编码	项目名称	单位	工程量明细	
			绘图输入	表格输入
010506001001	直形楼梯 (1)混凝土种类:商品混凝土,泵送 (2)混凝土强度等级:C30	m²	16.96	
10105037	C30预拌泵送普通混凝土(整体楼梯 直形)	m²	16.96	
011702024001	楼梯模板	m²	16.96	
10117066	现浇混凝土胶合板模板(楼梯 直形楼梯 板式)	m²	16.96	

五、知识拓展

组合楼梯的绘制

组合楼梯就是将楼梯拆分为梯段、平台板、梯梁、栏杆扶手等,每个单构件都要单独定义、单独绘制,绘制方法如下:

(1)组合楼梯构件的定义

①直形梯段的属性定义,单击"新建直形梯段",按照结施-13的信息输入相应数据,如图3.155所示。

②休息平台的属性定义,单击"新建现浇板",按照结施-13的信息输入相应数据,如图3.156所示。

	属性名称	属性值	附加
1	名称	AT1	
2	梯板厚度(mm)	130	
3	踏步高度(mm)	150	
4	踏步总高(mm)	1950	
5	建筑面积计算方式	不计算	
6	材质	现浇混凝土	
7	混凝土类型	泵送商品混凝土	
8	混凝土强度等级	(C30)	
9	混凝土外加剂	(无)	
10	泵送类型	(混凝土泵)	
11	泵送高度(m)	1.85	
12	底标高(m)	-0.05	
13	备注		
14	⊞ 钢筋业务属性		
17	⊞ 土建业务属性		
22	⊞ 显示样式		

图3.155

	属性名称	属性值	附加
1	名称	PTB1	
2	厚度(mm)	100	
3	类别	有梁板	
4	是否是楼板	是	
5	混凝土类型	(泵送商品混凝土)	
6	混凝土强度等级	(C30)	
7	混凝土外加剂	(无)	
8	泵送类型	(混凝土泵)	
9	泵送高度(m)	1.95	
10	顶标高(m)	1.95	
11	备注	2	
12	⊞ 钢筋业务属性		
23	⊞ 土建业务属性		
32	⊞ 显示样式		

图3.156

③梯梁的属性定义,单击"新建矩形梁",按照结施-13的信息输入相应数据,如图3.157所示。

	属性名称	属性值	附加
1	名称	TL-1	
2	结构类别	非框架梁	
3	跨数量	1	
4	截面宽度(mm)	200	
5	截面高度(mm)	400	
6	轴线距梁左边线...	(100)	
7	箍筋	Φ8@200(2)	
8	胶数	2	
9	上部通长筋	2Φ14	
10	下部通长筋	3Φ16	
11	侧面构造或受扭...		
12	拉筋		
13	定额类别	板底梁	
14	材质	现浇混凝土	
15	混凝土类型	(泵送商品混凝土)	
16	混凝土强度等级	(C30)	
17	混凝土外加剂	(无)	
18	泵送类型	(混凝土泵)	
19	泵送高度(m)	1.95	
20	截面周长(m)	1.2	
21	截面面积(m²)	0.08	

图 3.157

（2）做法套用

做法套用与上述楼梯做法套用相同。折算厚度需单独计算。

（3）直形梯段画法

直形梯段建议用"矩形"绘制，绘制后若梯段方向错误，可单击"设置踏步起始边"命令，调整梯段方向。梯段绘制完毕如图3.158所示。通过观察图3.158可知，用直形梯段绘制的楼梯没有栏杆扶手，若需绘制栏杆扶手，可依次单击"其他"→"栏杆扶手"→"新建"→"新建栏杆扶手"建立栏杆扶手，可利用"智能布置"→"梯段、台阶、螺旋板"命令布置栏杆扶手。

图 3.158

（4）梯梁的绘制

梯梁的绘制参考梁的部分内容。

（5）休息平台的绘制

休息平台的绘制参考板的部分内容,休息平台上的钢筋参考板钢筋的部分内容。

问题思考

整体楼梯的工程量中是否包含TZ?

3.7.2 表格输入法计算楼梯梯板钢筋工程量

通过本小节的学习,你将能够:

正确运用表格输入法计算工程量。

一、任务说明

在表格输入中运用参数输入法完成所有层楼梯的钢筋工程量计算。

二、任务分析

以首层1号楼梯为例,参考结施-13及建施-13,读取梯板的相关信息,如梯板厚度、钢筋信息及楼梯具体位置。

三、任务实施

①如图3.159所示,切换到"工程量"选项卡,单击"表格输入"。

图3.159

②在"表格输入"界面单击"构件",添加构件"AT1",根据图纸信息,输入AT1的相关属性信息,如图3.160所示。

图3.160

③新建构件后，单击"参数输入"，在弹出的"图集列表"中，选择相应的楼梯类型，如图3.161所示。这里以AT型楼梯为例。

图3.161

④在楼梯的参数图中，以首层1号楼梯为例，参考结施-13及建施-13，按照图纸标注输入各个位置的钢筋信息和截面信息，如图3.162所示。输入完毕后，选择"计算保存"。

图3.162

⑤以上建立的是梯段钢筋，还有平台板的钢筋没有输入。平台板的输入有两种方法：一种方法适用于没有建立板的情况，先在图3.158中选择新建A—A平台板或者B—B平台板，再输入相应的钢筋信息；另一种方法适用于已建立板的情况，按照本书3.4节中讲解的方法，输入相应的钢筋信息即可。

四、任务结果

查看报表预览中的构件汇总信息明细表,可通过云对比钢筋量,并查找差异原因。任务结果参考第10章表10.1输入。

问题思考

参数化楼梯中的钢筋是否包括梯梁平台板中的钢筋?

4　第二、三层工程量计算

通过本章的学习,你将能够:
(1)掌握层间复制图元的方法;
(2)掌握修改构件图元的方法。

4.1　二层工程量计算

通过本节的学习,你将能够:
掌握层间复制图元的两种方法。

一、任务说明

①使用层间复制方法完成二层柱、梁、板、墙体、门窗的做法套用及图元绘制。
②查找首层与二层的不同部分,将不同部分进行修正。
③汇总计算,统计二层柱、梁、板、墙体、门窗的工程量。

二、任务分析

①对比二层与首层的柱、梁、板、墙体、门窗都有哪些不同,分别从名称、尺寸、位置、做法4个方面进行对比。
②从其他楼层复制构件图元与复制选定图元到其他楼层有什么不同?

三、任务实施

1)分析图纸

(1)分析框架柱

分析结施-04,二层框架柱和首层框架柱相比,截面尺寸、混凝土强度等级没有差别,不同的是钢筋信息全部发生了变化。

(2)分析梁

分析结施-05和结施-06,二层的梁和一层的梁相比截面尺寸、混凝土强度等级没有差别,唯一不同的是Ⓑ/④~⑤轴处的KL4发生了变化。

（3）分析板

分析结施-08和结施-09，二层的板和一层的板相比，④~⑤/Ⓐ~Ⓑ轴增加了130 mm的板，⑤~⑥/Ⓒ~Ⓓ轴区域底部的X方向钢筋有变化。④/Ⓐ~Ⓑ轴范围负筋有变化。

（4）分析墙

分析建施-04、建施-05，二层砌体与一层砌体基本相同。

（5）分析门窗

分析建施-04、建施-05，二层门窗与一层门窗基本相同。二层在Ⓤ/Ⓐ轴/④~⑤轴为C5027。

2）画法讲解

从其他楼层复制图元。在二层，单击"从其他层复制"，源楼层选择"首层"，图元选择"柱、墙、门窗洞、梁、板"，目标楼层选择"第2层"，单击"确定"按钮，弹出"图元复制成功"提示框，如图4.1—图4.3所示。

图4.1

图4.2

图4.3

3)修改构件

为了避免漏掉一些构件,复制后的构件可按照画图的顺序修改。

二层构件的修改方法如下:

①分别修改柱的钢筋信息,如图4.4—图4.9所示。

	属性名称	属性值	附加
1	名称	KZ1	
2	结构类别	框架柱	☐
3	定额类别	普通柱	☐
4	截面宽度(B边)(...	500	☐
5	截面高度(H边)(...	500	☐
6	全部纵筋		☐
7	角筋	4Φ22	☐
8	B边一侧中部筋	3Φ16	☐
9	H边一侧中部筋	3Φ16	☐
10	箍筋	Φ8@100(4*4)	☐
11	节点区箍筋		☐
12	箍筋肢数	4*4	
13	柱类型	角柱	☐
14	材质	现浇混凝土	
15	混凝土类型	(泵送商品混凝土)	☐
16	混凝土强度等级	(C30)	☐
17	混凝土外加剂	(无)	
18	泵送类型	(混凝土泵)	
19	泵送高度(m)		
20	截面面积(m²)	0.25	☐
21	截面周长(m)	2	☐
22	顶标高(m)	层顶标高	☐
23	底标高(m)	层底标高	☐
24	备注		☐
25	⊕ 钢筋业务属性		
43	⊕ 土建业务属性		
49	⊕ 显示样式		

图4.4

	属性名称	属性值	附加
1	名称	KZ2	
2	结构类别	框架柱	☐
3	定额类别	普通柱	☐
4	截面宽度(B边)(...	500	☐
5	截面高度(H边)(...	500	☐
6	全部纵筋		☐
7	角筋	4Φ22	☐
8	B边一侧中部筋	3Φ16	☐
9	H边一侧中部筋	3Φ16	☐
10	箍筋	Φ8@100/200(4*4)	☐
11	节点区箍筋		☐
12	箍筋肢数	4*4	
13	柱类型	边柱-H	☐
14	材质	现浇混凝土	
15	混凝土类型	(泵送商品混凝土)	☐
16	混凝土强度等级	(C30)	☐
17	混凝土外加剂	(无)	
18	泵送类型	(混凝土泵)	
19	泵送高度(m)		
20	截面面积(m²)	0.25	☐
21	截面周长(m)	2	☐
22	顶标高(m)	层顶标高	☐
23	底标高(m)	层底标高	☐
24	备注		☐
25	⊕ 钢筋业务属性		
43	⊕ 土建业务属性		
49	⊕ 显示样式		

图4.5

	属性列表 图层管理		
	属性名称	属性值	附加
1	名称	KZ3	
2	结构类别	框架柱	☐
3	定额类别	普通柱	☐
4	截面宽度(B边)(...	500	☐
5	截面高度(H边)(...	500	☐
6	全部纵筋		☐
7	角筋	4Φ22	☐
8	B边一侧中部筋	3Φ18	☐
9	H边一侧中部筋	3Φ18	☐
10	箍筋	Φ8@100/200(4*4)	☐
11	节点区箍筋		
12	箍筋胶数	4*4	
13	柱类型	边柱-B	☐
14	材质	现浇混凝土	☐
15	混凝土类型	(泵送商品混凝土)	☐
16	混凝土强度等级	(C30)	☐
17	混凝土外加剂	(无)	☐
18	泵送类型	(混凝土泵)	☐
19	泵送高度(m)		
20	截面面积(m²)	0.25	☐
21	截面周长(m)	2	☐
22	顶标高(m)	层顶标高	☐
23	底标高(m)	层底标高	☐
24	备注		☐
25	⊞ 钢筋业务属性		
43	⊞ 土建业务属性		
49	⊞ 显示样式		

图 4.6

	属性列表 图层管理		
	属性名称	属性值	附加
1	名称	KZ4	
2	结构类别	框架柱	☐
3	定额类别	普通柱	☐
4	截面宽度(B边)(...	500	☐
5	截面高度(H边)(...	500	☐
6	全部纵筋		☐
7	角筋	4Φ25	☐
8	B边一侧中部筋	3Φ18	☐
9	H边一侧中部筋	3Φ18	☐
10	箍筋	Φ8@100/200(4*4)	☐
11	节点区箍筋		
12	箍筋胶数	4*4	
13	柱类型	(中柱)	☐
14	材质	现浇混凝土	☐
15	混凝土类型	(泵送商品混凝土)	☐
16	混凝土强度等级	(C30)	☐
17	混凝土外加剂	(无)	☐
18	泵送类型	(混凝土泵)	☐
19	泵送高度(m)		
20	截面面积(m²)	0.25	☐
21	截面周长(m)	2	☐
22	顶标高(m)	层顶标高	☐
23	底标高(m)	层底标高	☐
24	备注		☐
25	⊞ 钢筋业务属性		
43	⊞ 土建业务属性		
49	⊞ 显示样式		

图 4.7

	属性列表 图层管理		
	属性名称	属性值	附加
1	名称	KZ5	
2	结构类别	框架柱	☐
3	定额类别	普通柱	☐
4	截面宽度(B边)(...	600	☐
5	截面高度(H边)(...	500	☐
6	全部纵筋		☐
7	角筋	4Φ25	☐
8	B边一侧中部筋	4Φ18	☐
9	H边一侧中部筋	3Φ18	☐
10	箍筋	Φ8@100/200(5*4)	☐
11	节点区箍筋		
12	箍筋胶数	5*4	
13	柱类型	(中柱)	☐
14	材质	现浇混凝土	☐
15	混凝土类型	(泵送商品混凝土)	☐
16	混凝土强度等级	(C30)	☐
17	混凝土外加剂	(无)	☐
18	泵送类型	(混凝土泵)	☐
19	泵送高度(m)		
20	截面面积(m²)	0.3	☐
21	截面周长(m)	2.2	☐
22	顶标高(m)	层顶标高	☐
23	底标高(m)	层底标高	☐
24	备注		☐
25	⊞ 钢筋业务属性		
43	⊞ 土建业务属性		
49	⊞ 显示样式		

图 4.8

	属性列表 图层管理		
	属性名称	属性值	附加
1	名称	KZ6	
2	结构类别	框架柱	☐
3	定额类别	普通柱	☐
4	截面宽度(B边)(...	500	☐
5	截面高度(H边)(...	600	☐
6	全部纵筋		☐
7	角筋	4Φ25	☐
8	B边一侧中部筋	3Φ18	☐
9	H边一侧中部筋	4Φ18	☐
10	箍筋	Φ8@100/200(4*5)	☐
11	节点区箍筋		
12	箍筋胶数	4*5	
13	柱类型	边柱-B	☐
14	材质	现浇混凝土	☐
15	混凝土类型	(泵送商品混凝土)	☐
16	混凝土强度等级	(C30)	☐
17	混凝土外加剂	(无)	☐
18	泵送类型	(混凝土泵)	☐
19	泵送高度(m)		
20	截面面积(m²)	0.3	☐
21	截面周长(m)	2.2	☐
22	顶标高(m)	层顶标高	☐
23	底标高(m)	层底标高	☐
24	备注		☐
25	⊞ 钢筋业务属性		
43	⊞ 土建业务属性		
49	⊞ 显示样式		

图 4.9

②修改梁的信息。单击"原位标注"，选中KL4，按图分别修改左右支座钢筋和跨中钢筋，如图4.10和图4.11所示。

图4.10

图4.11

③修改板的信息。

第一步，"点"绘制④~⑤/Ⓐ~Ⓑ轴区域130 mm板。

第二步，绘制板受力筋，选择"单板"→"XY向布置"，如图4.12所示。

图4.12

第三步，修改负筋信息，选中④/Ⓐ~Ⓑ轴负筋，修改右标注长度为1200 mm，按"Enter"

键,如图4.13所示。

图4.13

其他几个位置的修改方法相同,此处不再赘述。

④修改门窗的信息。选中M5021,删除,C5027用点绘制在相同位置即可,如图4.14所示。

图4.14

四、任务结果

汇总计算,统计二层清单、定额工程量,见表4.1。

表4.1　二层清单、定额工程量

编码	项目名称	单位	工程量
010402001001	砌块墙 (1)砖品种、规格、强度等级:200 mm厚加气混凝土砌块 (2)墙体类型:内墙 (3)砂浆强度等级、配合比:M5水泥砂浆砌筑	m³	73.07
010402001002	砌块墙 (1)砖品种、规格、强度等级:250 mm厚加气混凝土砌块 (2)墙体类型:外墙 (3)砂浆强度等级、配合比:M5水泥砂浆砌筑	m³	37.84
010402001003	砌块墙 (1)砖品种、规格、强度等级:250 mm厚加气混凝土砌块 (2)墙体类型:外墙(弧形) (3)砂浆强度等级、配合比:M5水泥砂浆砌筑	m³	4.63
010402001004	砌块墙 (1)砖品种、规格、强度等级:100 mm厚加气混凝土砌块 (2)墙体类型:外墙 (3)砂浆强度等级、配合比:M5水泥砂浆砌筑	m³	0.018
010502001001	矩形柱 (1)混凝土种类:商品混凝土,泵送 (2)混凝土强度等级:C30	m³	29.70
010502002001	构造柱 (1)混凝土种类:商品混凝土,非泵送 (2)混凝土强度等级:C25	m³	3.98
010503002001	矩形梁 (1)混凝土种类:商品混凝土,泵送 (2)混凝土强度等级:C30	m³	1.11
010504001001	直形墙 (1)混凝土种类:商品混凝土,泵送 (2)混凝土强度等级:C30	m³	6.17
010505001001	有梁板 (1)混凝土种类:商品混凝土,泵送 (2)混凝土强度等级:C30	m³	116.37
010506001001	直形楼梯 (1)混凝土种类:商品混凝土,泵送 (2)混凝土强度等级:C30	m²	17.60
010510003001	过梁 (1)混凝土种类:商品混凝土,非泵送 (2)混凝土强度等级:C25	m³	0.79

编码	项目名称	单位	工程量
010505006001	阳台栏板 (1)混凝土种类:商品混凝土,泵送 (2)混凝土强度等级:C25	m³	1.57
010801004001	木质防火门 (1)门代号及洞口尺寸:M1021 (2)门框或扇外围尺寸:1000 mm×2100 mm (3)门框、扇材质:甲级木质防火门	m²	46.2
010807001006	金属(塑钢、断桥)窗 (1)窗代号及洞口尺寸:C5027 (2)窗框或扇外围尺寸:5000 mm×2700 mm (3)窗框、扇材质:塑钢	m²	13.5
010807001001	金属(塑钢、断桥)窗 (1)窗代号及洞口尺寸:C1524 (2)窗框或扇外围尺寸:1500 mm×2400 mm (3)窗框、扇材质:塑钢	m²	7.2
010807001002	金属(塑钢、断桥)窗 (1)窗代号及洞口尺寸:C2424 (2)窗框或扇外围尺寸:2400 mm×2400 mm (3)窗框、扇材质:塑钢	m²	17.28
010807001003	金属(塑钢、断桥)窗 (1)窗代号及洞口尺寸:C1624 (2)窗框或扇外围尺寸:1600 mm×2400 mm (3)窗框、扇材质:塑钢	m²	7.68
010807001004	金属(塑钢、断桥)窗 (1)窗代号及洞口尺寸:C0924 (2)窗框或扇外围尺寸:900 mm×2400 mm (3)窗框、扇材质:塑钢	m²	8.64
010807001005	金属(塑钢、断桥)窗 (1)窗代号及洞口尺寸:C1824 (2)窗框或扇外围尺寸:1800 mm×2400 mm (3)窗框、扇材质:塑钢	m²	17.28
011702002001	柱模板 模板高度:3.6 m以内	m²	216.57
011702003001	构造柱模板 模板高度:3.6 m以内	m²	43.23
011702006001	梁模板 模板高度:3.6 m以内	m²	9.38

续表

编码	项目名称	单位	工程量
011702011001	墙模板 模板高度:3.6 m以内	m²	60.41
011702014001	有梁板模板 模板高度:3.6 m以内	m²	804.65
011702024001	楼梯模板 模板高度:3.6 m以内	m²	17.60
011702009001	过梁模板 模板高度:3.6 m以内	m²	12.26
011702021001	栏板模板 模板高度:3.6 m以内	m²	33.44

五、总结拓展

两种层间复制方法的区别

从其他楼层复制构件图元:将其他楼层的构件图元复制到目标层,只能选择构件来控制复制范围。

复制选定图元到其他楼层:将选中的图元复制到目标层,可通过选择图元来控制复制范围。

问题思考

飘窗是否计算建筑面积?

4.2 三层工程量计算

通过本节的学习,你将能够:

掌握层间复制图元的两种方法。

一、任务说明

①使用层间复制方法完成三层柱、梁、板、墙体、门窗的做法套用及图元绘制。

②查找三层、二层与首层的不同部分,将不同部分进行修正。

③汇总计算，统计三层柱、梁、板、墙体、门窗的工程量。

二、任务分析

①对比三层与首层、二层的柱、梁、板、墙体、门窗都有哪些不同，分别从名称、尺寸、位置、做法4个方面进行对比。

②从其他楼层复制构件图元与复制选定图元到其他楼层有什么不同？

三、任务实施

1)分析图纸

(1)分析框架柱

分析图纸结施-04,三层框架柱和二层框架柱相比,截面尺寸、混凝土强度等级相同,与钢筋信息一样,只有标高不一样。

(2)分析梁

分析结施-06,三层梁和首层梁信息一样。

(3)分析板

分析结施-10,三层板和首层板信息一样。

(4)分析墙

分析建施-05,三层砌体与二层的基本相同。

(5)分析门窗

分析建施-05,三层门窗与二层的基本相同。

2)画法讲解

(1)从其他楼层复制图元

在三层中,选择"从其他楼层复制图元",源楼层选择"首层",图元选择"柱、墙、门窗洞、楼梯",目标楼层选择"第3层",单击"确定"按钮,弹出"图元复制成功"提示框,如图4.15所示。

图4.15

（2）继续从其他楼层复制图元

在三层中,选择"从其他楼层复制图元",源楼层选择"首层",图元选择"梁、板",目标楼层选择"第3层",单击"确定"按钮,弹出"图元复制成功"提示框,如图4.16所示。

图4.16

通过上述两步即可完成三层图元的全部绘制。最后,可进行梯梁顶标高、平台板顶标高、楼梯参数等构件的属性信息修改。

四、任务结果

汇总计算,统计三层清单、定额工程量,见表4.2。

表4.2 三层清单、定额工程量

编码	项目名称	单位	工程量
010402001001	砌块墙 (1)砖品种、规格、强度等级:200 mm厚加气混凝土砌块 (2)墙体类型:内墙 (3)砂浆强度等级、配合比:M5水泥砂浆砌筑	m³	73.40
010402001002	砌块墙 (1)砖品种、规格、强度等级:250 mm厚加气混凝土砌块 (2)墙体类型:外墙 (3)砂浆强度等级、配合比:M5水泥砂浆砌筑	m³	37.85
010402001003	砌块墙 (1)砖品种、规格、强度等级:250 mm厚加气混凝土砌块 (2)墙体类型:外墙(弧形) (3)砂浆强度等级、配合比:M5水泥砂浆砌筑	m³	4.63
010402001004	砌块墙 (1)砖品种、规格、强度等级:100 mm厚加气混凝土砌块 (2)墙体类型:外墙 (3)砂浆强度等级、配合比:M5水泥砂浆砌筑	m³	0.039
010502001001	矩形柱 (1)混凝土种类:商品混凝土,泵送 (2)混凝土强度等级:C30	m³	29.70

续表

编码	项目名称	单位	工程量
010502002001	构造柱 (1)混凝土种类:商品混凝土,非泵送 (2)混凝土强度等级:C25	m³	3.98
010503002001	矩形梁 (1)混凝土种类:商品混凝土,泵送 (2)混凝土强度等级:C30	m³	1.94
010504001001	直形墙 (1)混凝土种类:商品混凝土,泵送 (2)混凝土强度等级:C30	m³	6.17
010505001001	有梁板 (1)混凝土种类:商品混凝土,泵送 (2)混凝土强度等级:C30	m³	112.31
010506001001	直形楼梯 (1)混凝土种类:商品混凝土,泵送 (2)混凝土强度等级:C30	m²	22.4
010510003001	过梁 (1)混凝土种类:商品混凝土,非泵送 (2)混凝土强度等级:C25	m³	0.79
010505006001	阳台栏板 (1)混凝土种类:商品混凝土,泵送 (2)混凝土强度等级:C25	m³	2.19
010801004001	木质防火门 (1)门代号及洞口尺寸:M1021 (2)门框或扇外围尺寸:1000 mm×2100 mm (3)门框、扇材质:甲级木质防火门	m²	46.2
010807001006	金属(塑钢、断桥)窗 (1)窗代号及洞口尺寸:C5027 (2)窗框或扇外围尺寸:5000 mm×2700 mm (3)窗框、扇材质:塑钢	m²	13.5
010807001001	金属(塑钢、断桥)窗 (1)窗代号及洞口尺寸:C1524 (2)窗框或扇外围尺寸:1500 mm×2400 mm (3)窗框、扇材质:塑钢	m²	7.2
010807001002	金属(塑钢、断桥)窗 (1)窗代号及洞口尺寸:C2424 (2)窗框或扇外围尺寸:2400 mm×2400 mm (3)窗框、扇材质:塑钢	m²	17.28

续表

编码	项目名称	单位	工程量
010807001003	金属（塑钢、断桥）窗 （1）窗代号及洞口尺寸：C1624 （2）窗框或扇外围尺寸：1600 mm×2400 mm （3）窗框、扇材质：塑钢	m²	7.68
010807001004	金属（塑钢、断桥）窗 （1）窗代号及洞口尺寸：C0924 （2）窗框或扇外围尺寸：900 mm×2400 mm （3）窗框、扇材质：塑钢	m²	8.64
010807001005	金属（塑钢、断桥）窗 （1）窗代号及洞口尺寸：C1824 （2）窗框或扇外围尺寸：1800 mm×2400 mm （3）窗框、扇材质：塑钢	m²	17.28
011702002001	柱模板 模板高度：3.6 m以内	m²	216.74
011702003001	构造柱模板 模板高度：3.6 m以内	m²	43.23
011702006001	梁模板 模板高度：3.6 m以内	m²	17.76
011702011001	墙模板 模板高度：3.6 m以内	m²	60.46
011702014001	有梁板模板 模板高度：3.6 m以内	m²	759.20
011702024001	楼梯模板 模板高度：3.6 m以内	m²	22.40
011702009001	过梁模板 模板高度：3.6 m以内	m²	12.26
011702021001	栏板模板 模板高度：3.6 m以内	m²	45.82

五、总结拓展

图元存盘及图元提取的使用方法和层间复制功能都能满足快速完成绘图的要求。请自行对比使用方法。

问题思考

分析在进行图元存盘及图元提取操作时，选择基准点有哪些用途？

5 四层、屋面层工程量计算

通过本章的学习,你将能够:
(1)掌握批量选择构件图元的方法;
(2)掌握批量删除的方法;
(3)掌握女儿墙、压顶、屋面的属性定义和绘制方法;
(4)统计四层、屋面层构件图元的工程量。

5.1 四层工程量计算

通过本节的学习,你将能够:
(1)巩固层间复制的方法;
(2)调整四层构件属性及图元绘制;
(3)掌握屋面框架梁的属性定义和绘制。

一、任务说明
①使用层间复制方法完成四层柱、墙体、门窗的做法套用及图元绘制。
②查找四层与三层的不同部分,将不同部分进行修正。
③四层梁和板与其他层信息不一致,需重新定义和绘制。
④汇总计算,统计四层柱、梁、板、墙体、门窗的工程量。

二、任务分析
①对比三层与四层的柱、墙体、门窗都有哪些不同?从名称、尺寸、位置、做法4个方面进行对比。
②从其他楼层复制构件图元与复制选定图元到其他楼层有什么不同?

三、任务实施

1)分析图纸

(1)分析柱
分析结施-04,四层和三层的框架柱信息相同,但四层无梯柱,且暗梁信息不同。

（2）分析梁

分析结施-08，四层框架梁为屋面框架梁，但四层无梯梁，且过梁信息不同。

（3）分析板

分析结施-12，④~⑤轴、ⓒ~ⓓ轴的板构件和板钢筋信息与其他层不同。

（4）分析墙

分析建施-06、建施-07，四层砌体与三层砌体基本相同。分析结施-04，四层剪力墙信息不同。

（5）分析门窗

分析建施-06、建施-07，四层门窗与三层门窗基本相同，但窗离地高度有变化。

（6）分析楼梯

分析结施-13，四层无楼梯。

2）画法讲解

（1）从其他楼层复制图元

在四层，选择"从其他楼层复制图元"，源楼层选择"第3层"，图元选择"柱、墙、门窗洞"，目标楼层选择"第4层"，单击"确定"按钮，如图5.1所示。

图5.1

将三层柱复制到第四层，其中GBZ1和GBZ2信息修改如图5.2和图5.3所示。

图5.2

图 5.3

（2）四层梁的属性定义

四层梁为屋面框架梁，其属性定义如图 5.4—图 5.7 所示。

	属性名称	属性值	附加
1	名称	WKL1(1)	
2	结构类别	屋面框架梁	☐
3	跨数量	1	☐
4	截面宽度(mm)	250	☐
5	截面高度(mm)	600	☐
6	轴线距梁左边...	(125)	☐
7	箍筋	Φ10@100/200(2)	☐
8	肢数	2	
9	上部通长筋	2Φ25	☐
10	下部通长筋		☐
11	侧面构造或受...	N2Φ16	☐
12	拉筋	(Φ6)	☐
13	定额类别	板底梁	☐
14	材质	现浇混凝土	
15	混凝土类型	(泵送商品混凝土)	☐
16	混凝土强度等级	(C30)	☐
17	混凝土外加剂	(无)	☐
18	泵送类型	(混凝土泵)	☐
19	泵送高度(m)		
20	截面周长(m)	1.7	☐
21	截面面积(m²)	0.15	☐
22	起点顶标高(m)	层顶标高	☐
23	终点顶标高(m)	层顶标高	☐
24	备注		☐
25	+ 钢筋业务属性		
35	+ 土建业务属性		
43	+ 显示样式		

图 5.4

	属性名称	属性值	附加
1	名称	WKL2(2)	
2	结构类别	屋面框架梁	☐
3	跨数量	2	
4	截面宽度(mm)	300	☐
5	截面高度(mm)	600	☐
6	轴线距梁左边...	(150)	☐
7	箍筋	Φ10@100/200(2)	☐
8	肢数	2	
9	上部通长筋	2Φ25	☐
10	下部通长筋		☐
11	侧面构造或受...	G2Φ12	☐
12	拉筋	(Φ6)	☐
13	定额类别	板底梁	☐
14	材质	现浇混凝土	
15	混凝土类型	(泵送商品混凝土)	☐
16	混凝土强度等级	(C30)	☐
17	混凝土外加剂	(无)	☐
18	泵送类型	(混凝土泵)	☐
19	泵送高度(m)		
20	截面周长(m)	1.8	☐
21	截面面积(m²)	0.18	☐
22	起点顶标高(m)	层顶标高	☐
23	终点顶标高(m)	层顶标高	☐
24	备注		☐
25	+ 钢筋业务属性		
35	+ 土建业务属性		
43	+ 显示样式		

图 5.5

　　四层梁的绘制方法同首层梁。板和板钢筋绘制方法同首层。用层间复制的方法，把第3层的墙、门窗洞口复制到第4层。所有构件要添加清单和定额，方法同首层。

　　特别注意，与其他层不同的是，顶层柱要"判断边角柱"。在"柱二次编辑"面板中单击"判别边角柱"按钮，则软件自动判别边角柱，如图5.8所示。

	属性名称	属性值	附加
1	名称	L1(1)	
2	结构类别	非框架梁	
3	跨数量	1	☑
4	截面宽度(mm)	300	
5	截面高度(mm)	550	
6	轴线距梁左边...	(150)	
7	箍筋	Φ8@200(2)	
8	肢数	2	
9	上部通长筋	2Φ22	
10	下部通长筋		
11	侧面构造或受...	G2Φ12	
12	拉筋	(Φ6)	
13	定额类别	板底梁	
14	材质	现浇混凝土	
15	混凝土类型	(泵送商品混凝土)	
16	混凝土强度等级	(C30)	
17	混凝土外加剂	(无)	
18	泵送类型	(混凝土泵)	
19	泵送高度(m)		
20	截面周长(m)	1.7	
21	截面面积(m²)	0.165	
22	起点顶标高(m)	层顶标高	
23	终点顶标高(m)	层顶标高	
24	备注		
25	⊞ 钢筋业务属性		
35	⊞ 土建业务属性		
43	⊞ 显示样式		

图5.6

	属性名称	属性值	附加
1	名称	WKL10b(1)	
2	结构类别	屋面框架梁	
3	跨数量		
4	截面宽度(mm)	300	
5	截面高度(mm)	600	
6	轴线距梁左边...	(150)	
7	箍筋	Φ10@100/200(2)	
8	肢数	2	
9	上部通长筋	2Φ25	
10	下部通长筋	2Φ25	
11	侧面构造或受...	G2Φ12	
12	拉筋	(Φ6)	
13	定额类别	板底梁	
14	材质	现浇混凝土	
15	混凝土类型	(泵送商品混凝土)	
16	混凝土强度等级	(C30)	
17	混凝土外加剂	(无)	
18	泵送类型	(混凝土泵)	
19	泵送高度(m)		
20	截面周长(m)	1.8	
21	截面面积(m²)	0.18	
22	起点顶标高(m)	层顶标高	
23	终点顶标高(m)	层顶标高	
24	备注		
25	⊞ 钢筋业务属性		
35	⊞ 土建业务属性		
43	⊞ 显示样式		

图5.7

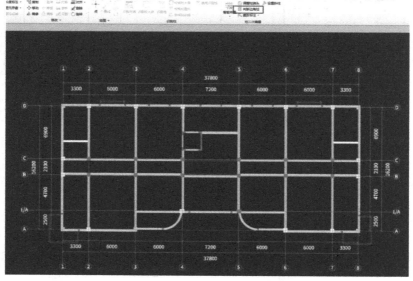

图5.8

四、总结拓展

下面简单介绍几种在绘图界面查看工程量的方式。

①单击"查看工程量"，选中要查看的构件图元，弹出"查看构件图元工程量"对话框，可以查看做法工程量、清单工程量和定额工程量。

②按"F3"键批量选择构件图元，然后单击"查看工程量"，可以查看做法工程量、清单工程量和定额工程量。

③单击"查看计算式"，选择单一图元，弹出"查看构件图元工程量计算式"，可以查看此图元的详细计算式，还可利用"查看三维扣减图"查看详细工程量计算式。

问题思考

如何使用图元存盘及图元提取，分别有哪些优点？

5.2 女儿墙、压顶、屋面的工程量计算

通过本节的学习，你将能够：

(1)确定女儿墙高度、厚度，以及屋面防水的上卷高度；

(2)矩形绘制和点绘制屋面图元；

(3)图元的拉伸；

(4)统计本层女儿墙、女儿墙压顶构造柱、屋面的工程量。

一、任务说明

①完成屋面的女儿墙、屋面的工程量计算。

②汇总计算，统计屋面的工程量。

二、任务分析

①从哪张图中能够找到屋面做法？都与哪些清单、定额相关？

②从哪张图中能够找到女儿墙的尺寸？

三、任务实施

1)分析图纸

(1)分析女儿墙及压顶

分析建施-12、建施-08可知，女儿墙的构造参见建施-08节点1，女儿墙墙厚240 mm（以建施-08平面图为准）。女儿墙墙身为砌块墙，压顶材质为混凝土，宽300 mm，高60 mm。

（2）分析屋面

分析建施-02可知，本层的屋面做法为屋面1，防水上卷高度设计高度为200 mm（以建施-12大样图为准）。

2）清单、定额计算规则的学习

（1）清单计算规则学习

女儿墙、屋面清单计算规则，见表5.1。

表5.1　女儿墙、屋面清单计算规则

编码	项目名称	单位	计算规则
010401003	实心砖墙	m³	按设计图示尺寸以体积计算
010507005	压顶	m³	按设计图示尺寸以立方米计算，不扣除构件内钢筋、预埋铁件所占体积
010902001	屋面卷材防水	m²	按设计图示尺寸以面积计算 （1）斜屋顶（不包括平屋顶找坡）按斜面积计算，平屋顶按水平投影面积计算 （2）不扣除房上烟囱、风帽底座、风道、屋面小气窗和斜沟所占面积 （3）屋面的女儿墙、伸缩缝和天窗等处的弯起部分≤300 mm时，按展开面积并入平面工程量内
011101006	平面砂浆找平层	m²	按设计图示尺寸以平方米计算，扣除凸出地面构筑物、设备基础、室内管道、地沟等所占面积，不扣除间壁墙和0.3 m²以内的柱、垛、附墙烟囱及孔洞所占面积。门洞、空圈、壁龛的开口部分并入相应的工程量内
011001001	保温隔热屋面	m²	按设计图示尺寸以面积计算。扣除面积大于0.3 m²孔洞所占面积
011204003	块料墙面（外墙1）	m²	按镶贴表面积计算

（2）定额计算规则学习

女儿墙、屋面定额计算规则，见表5.2。

表5.2　女儿墙、屋面定额计算规则

编码	项目名称	单位	计算规则
10104001	实心砖墙（实心标准砖墙） （1）女儿墙240 mm （2）水泥砂浆 M5.0	m³	按设计图示体积计算。高度：从屋面板上表面算至女儿墙顶面（如有混凝土压顶时算至压顶下表面）
10105043	其他构件（C25预拌非泵送普通混凝土 扶手、压顶）	m³	按设计图示体积计算
10117070	现浇混凝土胶合板模板（其他构件 压顶）	m²	按模板与现浇混凝土构件的接触面积计算

续表

编码	项目名称	单位	计算规则
10109045	卷材防水(改性沥青卷材热熔法 一层平面)	m²	屋面卷材防水按设计图示尺寸以面积计算(斜屋面按斜面面积计算,不包括平屋顶找坡)。不扣除房上烟囱、风帽底座、风道、屋面小气窗和斜沟等所占面积,上翻部分也不另计算。屋面女儿墙、伸缩缝和天窗等处的弯起部分,按设计图示尺寸计算;设计无规定的,伸缩缝、女儿墙、天窗的弯起部分按500 mm并入立面工程量内计算
10111001	水泥砂浆找平层(在填充保温材料上 20 mm厚)	m²	楼地面整体面层、找平层、楼地面块料面层、橡塑面层、其他材料面层均按设计图示尺寸以面积计算。扣除凸出地面构筑物、设备基础、室内管道、地沟等所占面积,不扣除间壁墙和单个面积0.3 m²以内的柱、垛、附墙烟囱及孔洞所占面积。门洞、空圈、壁龛的开口部分并入相应工程量内
10112085	外墙面面砖(每块面积≤0.01 m²水泥砂浆粘贴面砖灰缝10 mm以内)	m²	按块料面层的镶贴表面积计算
10110029	保温隔热墙体(聚苯乙烯泡沫板附墙铺贴50 mm厚)	m²	墙面保温隔热层按设计图示尺寸以面积计算。扣除门窗洞口所占面积,门窗洞口侧壁以及与墙相连的柱需作保温时,并入保温墙体工程量内

3)属性定义

(1)女儿墙的属性定义

女儿墙的属性定义同墙,在新建墙体时,名称命名为"女儿墙",其属性定义如图5.9所示,注意大样中砂浆为混合砂浆。

(2)屋面的属性定义

在导航树中选择"其他"→"屋面",在"构件列表"中选择"新建"→"新建屋面",在"属性编辑框"中输入相应的属性值,如图5.10和图5.11所示。

(3)女儿墙压顶的属性定义

为方便钢筋信息输入,用圈梁代替压顶。在导航树中选择"圈梁",在"构件列表"中选择"新建"→"新建圈梁",修改名称为"压顶",其属性定义如图5.12所示。修改相应钢筋信息,如图5.13所示。

图5.9

构件列表	图纸管理		
🗋 新建 ▾	🗋 复制	🗑 删除	🗐 层间复制 ▸▸

搜索构件... 🔍

◢ 屋面
  屋面1
  屋面2

	属性列表	图层管理	
	属性名称	属性值	附加
1	名称	屋面1	
2	底标高(m)	层底标高	☐
3	备注		☐
4	⊞ 钢筋业务属性		
6	⊞ 土建业务属性		
8	⊞ 显示样式		

图 5.10

构件列表	图纸管理		
🗋 新建 ▾	🗋 复制	🗑 删除	🗐 层间复制 ▸▸

搜索构件... 🔍

屋面1
屋面2

	属性列表	图层管理	
	属性名称	属性值	附加
1	名称	屋面2	
2	底标高(m)	顶板顶标高	☐
3	备注		☐
4	⊞ 钢筋业务属性		
6	⊞ 土建业务属性		
8	⊞ 显示样式		

图 5.11

	属性列表	图层管理	
	属性名称	属性值	附加
1	名称	女儿墙压顶	
2	截面宽度(mm)	300	☐
3	截面高度(mm)	60	☐
4	轴线距梁左边...	(150)	☐
5	上部钢筋	3Φ6	☐
6	下部钢筋		☐
7	箍筋		☐
8	肢数	2	
9	材质	现浇混凝土	☐
10	混凝土类型	(非泵送商品混凝土)	☐
11	混凝土强度等级	C25	☐
12	混凝土外加剂	(无)	
13	泵送类型	(混凝土泵)	
14	泵送高度(m)		
15	截面周长(m)	0.72	☐
16	截面面积(m²)	0.018	☐
17	起点顶标高(m)	层顶标高	☐
18	终点顶标高(m)	层顶标高	☐
19	备注		☐
20	⊞ 钢筋业务属性		
34	⊞ 土建业务属性		
40	⊞ 显示样式		

图 5.12

图5.13

4)做法套用

①女儿墙的做法套用,如图5.14所示。

图5.14

②女儿墙的压顶做法套用,如图5.15所示。

图5.15

5)画法讲解

(1)直线绘制女儿墙

采用直线绘制女儿墙,因为是居中于轴线绘制的,所以女儿墙图元绘制完成后要对其进行偏移、延伸,将第四层的梁复制到本层,作为对齐的参照线,使女儿墙各段墙体封闭,然后删除梁。绘制好的图元,如图5.16所示。

图5.16

将楼层切换到第四层,选中电梯井周边的剪力墙和暗柱复制到屋面层。修改剪力墙顶标高,如图5.17所示。

新建剪力墙,修改名称为"屋面上人孔",其属性值如图5.18所示。

	属性名称	属性值	附加
1	名称	Q4	
2	厚度(mm)	200	
3	轴线距左墙皮...	(100)	
4	水平分布钢筋	(2)Φ10@200	
5	垂直分布钢筋	(2)Φ10@200	
6	拉筋	Φ8@600*600	
7	材质	现浇混凝土	
8	混凝土类型	(泵送商品混凝土)	
9	混凝土强度等级	(C30)	
10	混凝土外加剂	(无)	
11	泵送类型	(混凝土泵)	
12	泵送高度(m)		
13	内/外墙标志	(外墙)	
14	类别	混凝土墙	
15	起点顶标高(m)	15.9	
16	终点顶标高(m)	15.9	
17	起点底标高(m)	层底标高	
18	终点底标高(m)	层底标高	
19	备注		
20	+ 钢筋业务属性		
33	+ 土建业务属性		
42	+ 显示样式		

图5.17

	属性名称	属性值	附加
1	名称	屋面上人孔	
2	厚度(mm)	80	
3	轴线距左墙皮...	(40)	
4	水平分布钢筋	(2)Φ6@200	
5	垂直分布钢筋	(2)Φ6@200	
6	拉筋		
7	材质	现浇混凝土	
8	混凝土类型	(泵送商品混凝土)	
9	混凝土强度等级	C30	
10	混凝土外加剂	(无)	
11	泵送类型	(混凝土泵)	
12	泵送高度(m)		
13	内/外墙标志	(外墙)	☑
14	类别	混凝土墙	
15	起点顶标高(m)	层顶标高+0.6	
16	终点顶标高(m)	层顶标高+0.6	
17	起点底标高(m)	层底标高	
18	终点底标高(m)	层底标高	
19	备注		
20	+ 钢筋业务属性		
33	+ 土建业务属性		
42	+ 显示样式		

图5.18

采用直线功能绘制屋面上人孔,如图5.19所示。

图5.19

(2)绘制女儿墙压顶

用"智能布置"功能,选择"墙中心线",批量选中所有女儿墙,单击鼠标右键即可完成女儿墙压顶的绘制,如图5.20所示。

图5.20

(3)绘制屋面

采用"点"功能绘制屋面,如图5.21所示。

选中屋面,单击鼠标右键进行选择,"设置防水卷边",输入"200",单击"确定"按钮,如图5.22所示。

图 5.21

图 5.22

四、总结拓展

女儿墙外边线同其他楼层外墙外边线,在绘制女儿墙时,可先参照柱的外边线进行绘制,然后删除柱即可。

![问]题思考

构造柱的绘制可参考哪些方法?

6 地下一层工程量计算

通过本章的学习,你将能够:

(1)分析地下层要计算哪些构件;

(2)各构件需要计算哪些工程量;

(3)区别地下层构件与其他层构件的定义与绘制;

(4)计算并统计地下一层工程量。

6.1 地下一层柱的工程量计算

通过本节的学习,你将能够:

(1)分析本层归类到剪力墙的构件;

(2)统计本层柱的工程量。

一、任务说明

①完成地下一层柱的属性定义、做法套用及绘制。

②汇总计算,统计地下一层柱的工程量。

二、任务分析

①地下一层都有哪些需要计算构件工程量?

②地下一层中有哪些柱构件不需要绘制?

三、任务实施

1)图纸分析

①分析结施-04,可以从柱表中得到地下室和首层柱信息相同。本层包括矩形框架柱及暗柱。

②YBZ1和YBZ2包含在剪力墙里,算量时属于剪力墙内部构件,归到剪力墙里,所以YBZ1和YBZ2的混凝土量与模板工程量应归到剪力墙中。

③柱突出墙且柱与墙标号相同时,柱体积并入墙体积,且柱体积工程量为零。

2)定义与绘制

从首层复制柱到地下一层（见图6.1），在地下一层删除构造柱和楼梯。

图6.1

3)做法套用

地下一层框架柱的做法参考首层框架柱的做法。

地下一层柱 YBZ1~YBZ2 的做法，可利用"做法刷"功能，将一层柱的做法赋予地下一层柱。暗柱的做法套用，如图6.2所示。

	编码	类别	名称	项目特征	单位	工程量表达式	表达式说明	单价
1	⊟ 010504001	项	直形墙	1.混凝土种类（商品混凝土、现场拌制、泵送、非泵送）:商品混凝土、泵送 2.混凝土强度等级:C30	m3	TJ	TJ〈体积〉	
2	10105022 H80010680 80010700, H802 13675 80213685	换	C20泵送混凝土（直形墙 100mm以外）换为【预拌同配比砂浆 C30 (42.5)砂子4.75mm】换为【预拌泵送普通混凝土 泵送100m以下 C30 (42.5) 碎石25mm 墙高度160~200mm】		m3	TJ	TJ〈体积〉	252.25
3	⊟ 011702013	项	电梯井壁模板	1.支撑高度:3.6m以外	m2	MBMJ	MBMJ〈模板面积〉	
4	10117064	定	现浇混凝土胶合板模板 电梯井壁		m2	MBMJ	MBMJ〈模板面积〉	53.6
5	10117085	定	柱、墙模板支撑高度超过3.6m、不超过6m（每增加0.5m）		m2			0.83

图6.2

四、任务结果

汇总计算，统计地下一层柱的清单、定额工程量，见表6.1。

表6.1 地下一层柱的清单、定额工程量

编码	项目名称	单位	工程量
010504001001	直形墙（暗柱） （1）混凝土种类:商品混凝土，泵送 （2）混凝土强度等级:C30	m³	2.71
10105022	C30预拌泵送普通混凝土（直形墙100 mm以外）	m³	2.71
011702013001	电梯井壁模板 支撑高度:3.6 m以外	m²	28.15
10117064	现浇混凝土胶合板模板(墙 电梯井壁)	m²	28.15

编码	项目名称	单位	工程量
10117085	增加费(柱、墙模板支撑高度超过3.6 m、不超过6 m每增加0.5 m)	m²	7.30
010502001001	矩形柱 (1)混凝土种类:商品混凝土,泵送 (2)混凝土强度等级:C30	m³	31.98
10105011	C30预拌泵送普通混凝土(独立矩形柱)	m³	31.98
011702002001	柱模板 模板高度:3.6 m以外	m²	190.18
10117045	现浇混凝土胶合板模板(柱 独立矩形柱)	m²	190.18
10117085	增加费(柱、墙模板支撑高度超过3.6 m、不超过6 m每增加0.5 m)	m²	13.07

五、总结拓展

正确使用"做法刷"功能,能够极大地提高建模效率。

问题思考

是否所有图纸的首层柱和地下一层柱都是相同的?

6.2 地下一层剪力墙的工程量计算

通过本节的学习,你将能够:
分析本层归类到剪力墙的构件。

一、任务说明
①完成地下一层剪力墙的属性定义及做法套用。
②绘制剪力墙图元。
③汇总计算,统计地下一层剪力墙的工程量。

二、任务分析
①地下一层剪力墙和首层有哪些不同?
②地下一层有哪些剪力墙构件不需要绘制?

三、任务实施

1）图纸分析

①分析结施-02，可以得到地下室墙体剪力墙信息。

②分析连梁：连梁是剪力墙的一部分。

③在结施-02中，剪力墙顶部有暗梁。

④分析结施-01(4)地下室外墙附加钢筋网片。

2）清单、定额计算规则的学习

（1）清单计算规则学习

混凝土墙清单计算规则，见表6.2。

表6.2　混凝土墙清单计算规则

编码	项目名称	单位	计算规则
010504001	直形墙	m³	按设计图示尺寸以立方米计算，不扣除构件内钢筋、预埋铁件所占体积。型钢混凝土中型钢骨架所占体积按(密度)7850 kg/m³扣除。扣除门窗洞口及单个面积>0.3 m²的孔洞所占体积 (1)附墙的暗柱、暗梁、墙垛及凸出墙面部分并入墙体体积计算 (2)剪力墙的连梁，其混凝土并入剪力墙计算 (3)墙与梁连接时，墙算至梁底；墙与板连接时，板算至墙侧
010504002	弧形墙		
010504004	挡土墙		
011702013	电梯井壁模板	m²	按模板与现浇混凝土构件的接触面积以平方米计算
011702011	墙模板	m²	

（2）定额计算规则学习

混凝土墙定额计算规则，见表6.3。

表6.3　混凝土墙定额计算规则

编码	项目名称	单位	计算规则
10105022	C30预拌泵送普通混凝土（直形墙100 mm以外）	m³	墙及挡土墙按设计图示尺寸以体积计算。应将墙上的圈梁、过梁、连梁、暗梁、暗柱和凸出墙外的垛并入墙体积内计算；应扣除门窗洞口及单个面积0.30 m²以外孔洞的体积，不扣除单个面积0.30 m²以内的孔洞体积
10117064	现浇混凝土胶合板模板(墙 电梯井壁)	m²	按模板与现浇混凝土构件的接触面积以平方米计算

在结施-05中，⑪轴的剪力墙上有LL1(1)，连梁下方有墙洞，可参照首层的做法。

3）属性定义

①由结施-02知，Q1、Q2的相关信息如图6.3—图6.5所示。

②新建外墙。在导航树中选择"墙"→"剪力墙"，在"构件列表"中单击"新建"→"新建外墙"，进入墙的属性定义界面，如图6.6—图6.8所示。

图6.3

图6.4

5.凡地下室外墙、水池池壁均在迎水面的砼保护层内增加为Φ4@150的单层双向钢筋网片其钢筋网片保护层厚度为25mm,详图四。墙板中拉筋间距宜为板筋间距的倍数。

图6.5

	属性名称	属性值	附加
1	名称	Q1	
2	厚度(mm)	300	☐
3	轴线距左墙皮...	(150)	☐
4	水平分布钢筋	(2)Φ12@180	☐
5	垂直分布钢筋	(2)Φ14@150	☐
6	拉筋	Φ6@300*300	☐
7	材质	现浇混凝土	☐
8	混凝土类型	(泵送商品混凝土)	☐
9	混凝土强度等级	(C30)	☐
10	混凝土外加剂	(无)	☐
11	泵送类型	(混凝土泵)	☐
12	泵送高度(m)		
13	内/外墙标志	(外墙)	☑
14	类别	混凝土墙	☐
15	起点顶标高(m)	层顶标高	☐
16	终点顶标高(m)	层顶标高	☐
17	起点底标高(m)	层底标高	☐
18	终点底标高(m)	层底标高	☐
19	备注		☐
20	⊞ 钢筋业务属性		
33	⊞ 土建业务属性		
42	⊞ 显示样式		

图6.6

	属性名称	属性值	附加
1	名称	Q2	
2	厚度(mm)	300	☐
3	轴线距左墙皮...	(150)	☐
4	水平分布钢筋	(2)Φ12@180	☐
5	垂直分布钢筋	(2)Φ14@200	☐
6	拉筋	Φ6@300*300	☐
7	材质	现浇混凝土	☐
8	混凝土类型	(泵送商品混凝土)	☐
9	混凝土强度等级	(C30)	☐
10	混凝土外加剂	(无)	☐
11	泵送类型	(混凝土泵)	☐
12	泵送高度(m)		
13	内/外墙标志	(外墙)	☑
14	类别	混凝土墙	☐
15	起点顶标高(m)	层顶标高	☐
16	终点顶标高(m)	层顶标高	☐
17	起点底标高(m)	层底标高	☐
18	终点底标高(m)	层底标高	☐
19	备注		☐
20	⊞ 钢筋业务属性		
33	⊞ 土建业务属性		
42	⊞ 显示样式		

图6.7

	属性名称	属性值	附加
1	名称	Q1-1（弧形）	☐
2	厚度(mm)	300	☐
3	轴线距左墙皮...	(150)	☐
4	水平分布钢筋	(2)Φ12@180	☐
5	垂直分布钢筋	(2)Φ14@150	☐
6	拉筋	Φ6@300*300	☐
7	材质	现浇混凝土	☐
8	混凝土类型	(泵送商品混凝土)	☐
9	混凝土强度等级	(C30)	☐
10	混凝土外加剂	(无)	☐
11	泵送类型	(混凝土泵)	☐
12	泵送高度(m)		☐
13	内/外墙标志	(外墙)	☑
14	类别	混凝土墙	☐
15	起点顶标高(m)	层顶标高	☐
16	终点顶标高(m)	层顶标高	☐
17	起点底标高(m)	层底标高	☐
18	终点底标高(m)	层底标高	☐
19	备注		☐
20	⊞ 钢筋业务属性		
33	⊞ 土建业务属性		
42	⊞ 显示样式		

图 6.8

直线绘制。其绘制方法同首层。

4)做法套用

外墙做法套用如图6.9—图6.11所示。

图 6.9

图 6.10

图 6.11

5)画法讲解

①用直线功能绘制即可,操作方法同首层。

②偏移,方法同首层。完成后如图6.12所示。

图6.12

③暗梁。暗梁信息在结施-02中,在导航树种选择"墙"→"暗梁",属性定义如图6.13所示。

图6.13

用智能布置功能,选中剪力墙即可完成暗梁的绘制。

④连梁。剪力墙上有连梁,其属性信息如图6.14和图6.15所示。

图6.14   图6.15

在相应位置用直线功能绘制即可,完成后如图6.16所示。

图6.16

四、任务结果

汇总计算,统计地下一层剪力墙的清单、定额工程量,见表6.4。

表6.4　地下一层剪力墙的清单、定额工程量

编码	项目名称	单位	工程量
010504001001	直形墙 (1)混凝土种类:商品混凝土,泵送 (2)混凝土强度等级:C30	m³	6.56
10105022	C30预拌泵送普通混凝土(直形墙100 mm以外)	m³	6.56

续表

编码	项目名称	单位	工程量
010504002001	弧形墙 (1)混凝土种类:商品混凝土,泵送 (2)混凝土强度等级:C30 (3)混凝土类型:P6防水混凝土	m³	8.05
10105023	C30预拌泵送抗渗混凝土(弧形墙)	m³	8.05
010504004002	挡土墙 (1)混凝土种类:商品混凝土,泵送 (2)混凝土强度等级:C30 (3)混凝土类型:P6防水混凝土	m³	131.18
10105022	C30预拌泵送抗渗混凝土(直形墙100 mm以外)	m³	131.18
011702013001	电梯井壁模板 支撑高度:3.6 m以外	m²	65.50
10117064	现浇混凝土胶合板 模板(墙 电梯井壁)	m²	65.50
10117085	增加费(柱、墙模板 支撑高度超过3.6 m、不超过6 m每增加0.5 m)	m²	9.37
011702011001	墙模板(弧形) 模板高度:3.6 m以外	m²	52.03
10117063	现浇混凝土胶合板 模板(墙 弧形墙)	m²	52.03
10117085	增加费(柱、墙模板支撑高度超过3.6 m、不超过6 m每增加0.5 m)	m²	2.48
011702011001	墙模板 模板高度:3.6 m以外	m²	848.05
10117062	现浇混凝土胶合板模板(墙 直形墙)	m²	848.05
10117085	增加费(柱、墙模板支撑高度超过3.6 m、不超过6 m每增加0.5 m)	m²	103.14

五、总结拓展

地下一层剪力墙的中心线和轴线位置不重合,如果每段墙体都采用"修改轴线距边的距离"比较麻烦。而图纸中显示剪力墙的外边线和柱的外边线平齐,因此,可先在轴线上绘制剪力墙,然后使用"单对齐"功能将墙的外边线和柱的外边线对齐即可。

问题思考

结合软件,分析剪力墙钢筋的锚固方式是怎样的?

6.3 地下一层梁、板、砌体墙的工程量计算

通过本节的学习，你将能够：
统计本层梁、板及砌体墙的工程量。

一、任务说明

①完成地下一层梁、板及砌体墙的属性定义、做法套用及绘制。

②汇总计算，统计地下一层梁、板及砌体墙的工程量。

二、任务分析

地下一层梁、板及砌体墙和首层有什么不同？

三、任务实施

①分析结施-05和结施-06，地下一层梁和首层梁基本相同，在Ⓑ轴、④~⑤轴的处原位标注信息不同。

②分析结施-09可得到板的信息。

③分析建施-03可得到砌体墙的信息。

地下一层梁、板及砌体墙的属性定义与做法套用等同首层梁、板及砌体墙的操作方法。

四、任务结果

汇总计算，统计地下一层梁、板及砌体墙的清单、定额工程量，见表6.5。

表6.5　地下一层梁、板及砌体墙的清单、定额工程量

编码	项目名称	单位	工程量
010402001001	砌块墙 (1)砌块品种、规格、强度等级：200 mm厚加气混凝土砌块 (2)墙体类型：内墙 (3)砂浆强度等级：水泥砂浆 M5.0 (4)砌筑高度：3.6 m以内	m³	85.21
10104017	蒸压加气混凝土砌块墙（现拌砂浆200 mm厚以内）	m³	85.21
010505001002	有梁板 (1)混凝土种类：商品混凝土 (2)混凝土强度等级：C30 (3)混凝土类型：防水混凝土	m³	99.05
10105024	C30预拌泵送普通混凝土（有梁板）	m³	99.05
011702014002	有梁板模板 模板高度：3.6 m以外	m²	683.92
10117053	现浇混凝土 胶合板 模板（板 有梁板）	m²	683.92

编码	项目名称	单位	工程量
10117087	增加费(梁、板模板支撑高度超过 3.6 m、不超过 6 m 每增加 0.5 m)	m²	681.44

五、总结拓展

结合清单定额规范,在套取相应的定额子目时应注意超高部分量的提取。

问题思考

如何计算框架间墙的长度?

6.4 地下一层门洞口、过梁的工程量计算

通过本节的学习,你将能够:
统计地下一层门洞口、过梁的工程量。

一、任务说明
①完成地下一层门洞口、过梁的属性定义、做法套用及绘制。
②汇总计算,统计地下一层门洞口、过梁的工程量。

二、任务分析
①地下一层门洞口、过梁和首层有什么不同?
②地下一层中有哪些剪力墙构件不需要绘制?

三、任务实施

1)图纸分析

分析结施-03,可得到地下室门窗洞口信息。

2)门洞口属性定义及做法套用

门洞口属性定义及做法套用同首层。

四、任务结果

汇总计算,统计地下一层门洞口、过梁的清单、定额工程量,见表6.6。

表6.6　地下一层门洞口、过梁的清单、定额工程量

编码	项目名称	单位	工程量
010510003001	过梁 (1)混凝土种类：商品混凝土,非泵送 (2)混凝土强度等级：C25	m³	0.76
10105020	C25预拌非泵送普通混凝土(过梁)	m³	0.76
010801004001	木质防火门 (1)门代号及洞口尺寸：M1021 (2)门框或扇外围尺寸：1000 mm×2100 mm (3)门框、扇材质：木质复合门	m²	37.8
10108004	成品木门安装(木质防火门安装)	m²	37.8
010802003001	钢质防火门 (1)门代号及洞口尺寸：FM乙1100 mm×2100 mm (2)门框、扇材质：乙级钢质防火门	m²	2.31
10108028	钢质防火、防盗门(钢质防火门)	m²	2.31
010802003002	钢质防火门 (1)门代号及洞口尺寸：FM甲1000 mm×2100 mm (2)门框、扇材质：甲级钢质防火门	m²	4.2
10108028	钢质防火、防盗门(钢质防火门)	m²	4.2
010807001003	金属(塑钢、断桥)窗 (1)窗代号及洞口尺寸：C1624 (2)门框或扇外围尺寸：1600 mm×2400 mm (3)门框、扇材质：塑钢	m²	7.68
10108078	塑钢成品窗(塑钢平开窗)	m²	7.68
011702009001	过梁模板 模板高度：3.6 m以内	m²	11.71
10117052	现浇混凝土胶合板模板过梁	m²	11.71

五、总结拓展

在地下一层,地圈梁的工程量极易被遗漏,并且本套图纸地圈梁的配筋信息出现在建施,而非结施。

问题思考

门窗洞口与墙体间的相互扣减关系是怎样的?

7 基础层工程量计算

通过本章的学习,你将能够:
(1)分析基础层需要计算的内容;
(2)定义独立基础、垫层、止水板、土方等构件;
(3)统计基础层工程量。

7.1 独立基础、垫层、止水板的定义与绘制

通过本节的学习,你将能够:
(1)依据定额、清单分析独立基础、垫层、止水板的计算规则,确定计算内容;
(2)定义独立基础、垫层、止水板;
(3)绘制独立基础、垫层、止水板;
(4)统计独立基础、垫层、止水板的工程量。

一、任务说明

①完成独立基础、垫层、止水板的属性定义、做法套用及绘制。
②汇总计算,统计独立基础、垫层、止水板的工程量。

二、任务分析

①基础层都有哪些需要计算的构件工程量?
②如何定义和绘制独立基础、垫层及止水板?

三、任务实施

1)分析图纸

①分析结施-03可知,本工程为独立基础,混凝土强度等级为C30,独立基础顶标高为止水板顶标高(-3.95 m)。

②分析结施-03可知,本工程基础垫层为100 mm厚的C15混凝土,顶标高为基础底标高,出边距离为100 mm。

③分析结施-03可知，基础部分止水板的厚度为350 mm，止水板采用筏板基础进行处理。

2）清单、定额计算规则学习

（1）清单计算规则学习

独立基础、垫层、止水板清单计算规则，见表7.1。

表7.1　独立基础、垫层、止水板清单计算规则

编码	项目名称	单位	计算规则
010501003	独立基础	m³	按设计图示尺寸以体积计算，不扣除构件内钢筋、预埋铁件和伸入承台基础的桩头所占体积
010501001	垫层		按设计图示尺寸以体积计算
010501004	满堂基础		按设计图示尺寸以体积计算，不扣除伸入承台基础的桩头所占体积

（2）定额计算规则学习

独立基础、垫层、止水板定额计算规则，见表7.2。

表7.2　独立基础、垫层、止水板定额计算规则

编码	项目名称	单位	计算规则
10105003	C30预拌泵送普通混凝土（独立基础）	m³	按设计图示尺寸以体积计算，不扣除钢筋、铁件所占体积
10117037	现浇混凝土胶合板模板（基础独立基础）	m²	按模板与混凝土的接触面积计算
10105001	基础（C15预拌泵送普通混凝土垫层）	m³	按设计图示尺寸以体积计算
10117035	现浇混凝土胶合板模板（基础垫层）	m²	按模板与混凝土的接触面积计算
10105007	C30预拌泵送普通混凝土（无梁式满堂基础）	m³	按设计图示尺寸以体积计算，不扣除钢筋、铁件所占体积
10117039	现浇混凝土胶合板模板（基础满堂基础、桩承台无梁式）	m²	按模板与混凝土的接触面积以面积计算

3）构件属性定义

（1）独立基础属性定义

独立基础属性定义（以JC-1为例），如图7.1所示。

新建独立基础后，单击鼠标右键，新建矩形独立基础单元，其属性定义如图7.2所示。

（2）止水板属性定义

新建筏板基础，修改其名称为止水板，其属性如图7.3所示。

图 7.1

图 7.2

图 7.3

（3）垫层属性定义

新建面式垫层，垫层的属性定义，如图7.4所示。

图7.4

4）做法套用

（1）独立基础

独立基础的做法套用，如图7.5所示。

图7.5

其他独立基础清单的做法套用相同，可采用做法刷功能完成做法套用，如图7.6所示。

（2）止水板

止水板的做法套用，如图7.7所示。

（3）垫层

垫层的做法套用，如图7.8所示。

图 7.6

编码	类别	名称	项目特征	单位	工程量表达式	表达式说明	单价
1 ☐ 010501004	项	满堂基础	1.混凝土种类(商品混凝土、现场拌制、泵送、非泵送):商品混凝土,泵送 2.混凝土强度等级:C30	m3	TJ	TJ<体积>	
2	10105006 H80213675 80213685	换	C20泵送混凝土 (有梁式满堂基础) 换为【预拌泵送普通混凝土 泵送100m以下 C30(42.5) 碎石25mm 1塌落度160-200mm】	m3	TJ	TJ<体积>	249.4
3 ☐ 011702001	项	基础模板		m2	MBMJ	MBMJ<模板面积>	
4	10117038	定	现浇混凝土胶合板模板 满堂基础、桩承台 (有梁式)	m2	MBMJ	MBMJ<模板面积>	42.49

图 7.7

编码	类别	名称	项目特征	单位	工程量表达式	表达式说明	单价
1 ☐ 010501001	项	垫层	1.混凝土种类(商品混凝土、现场拌制、泵送、非泵送):商品混凝土,泵送 2.混凝土强度等级:C15	m3	TJ	TJ<体积>	
2	10105001 H80213675 80213670	换	C20泵送混凝土 (垫层) 换为【预拌泵送普通混凝土 泵送100m以下 C15(42.5) 碎石25mm 1塌落度160-200mm】	m3	TJ	TJ<体积>	315.71
3 ☐ 011702033	项	垫层模板		m2	MBMJ	MBMJ<模板面积>	
4	10117035	定	现浇混凝土胶合板模板 垫层	m2	MBMJ	MBMJ<模板面积>	54.69

图 7.8

5)画法讲解

(1)独立基础

独立基础在绘制前,需先建好独立基础,然后在其后建好独立基础单元,用参数化独立基础设置方法选择独立基础,按图纸要求修改尺寸,最后以"点"画的方式完成,绘制方法同柱。

（2）筏板基础

①止水板用矩形功能绘制，用鼠标左键单击①/Ⓓ轴交点，再在⑧/Ⓐ轴交点处单击左键即可完成，如图7.9所示。

图7.9

②由结施-02可知，止水板左右侧外边线距轴线尺寸为2200 mm，上下侧外边线距轴线尺寸为2700 mm，选中止水板，用鼠标右键单击"偏移"，鼠标移动至止水板的外侧输入2200 mm，按"Enter"键；再次单击"偏移"命令，修改偏移方式为"多边偏移"，选中止水板，单边偏移尺寸为500 mm，即可完成止水板的绘制。在电梯井处是没有止水板的，用分割功能沿着剪力墙Q3的内边线分割即可完成，如图7.10—图7.12所示。

图7.10

图7.11

图7.12

止水板内钢筋操作方法与板钢筋类似。

新建筏板主筋,修改钢筋信息如图7.13和图7.14所示。鼠标左键单击止水板即可完成钢筋布置。

③垫层在独立基础的下方,属于面式构件,选择"智能布置"→"独立基础",在弹出的对话框中输入出边距离"100 mm",单击"确定"按钮,框选独立基础,即可完成垫层布置。在止水板的垫层绘制方法同独立基础下方垫层,输入出边距离"300 mm"。电梯井处垫层需分割后删除。

图7.13

图7.14

四、任务结果

汇总计算，统计独立基础、垫层的清单、定额工程量，见表7.3。

表7.3　独立基础、垫层的清单、定额工程量

编码	项目名称	单位	工程量
010501001001	垫层 (1)混凝土种类:商品混凝土,泵送 (2)混凝土强度等级:C15	m³	95.86
10105001	基础(C15预拌泵送普通混凝土　垫层)	m³	95.86
010501003001	独立基础 (1)混凝土种类:商品混凝土,泵送 (2)混凝土强度等级:C30 P6	m³	75.82
10105003	C30预拌泵送普通混凝土(独立基础)	m³	75.82

续表

编码	项目名称	单位	工程量
010501004001	满堂基础 (1)混凝土种类:商品混凝土,泵送 (2)混凝土强度等级:C30 P6	m³	312.91
10105007	C30预拌泵送普通混凝土(无梁式满堂基础)	m³	312.91
011702001001	基础模板(垫层)	m²	48.04
10117035	现浇混凝土胶合板 模板(基础垫层)	m²	48.04
011702001002	基础模板(独立基础)	m²	88.72
10117037	现浇混凝土胶合板 模板(基础 独立基础)	m²	88.72
011702001002	基础模板(满堂基础)	m²	50.54
10117039	现浇混凝土胶合板 模板(基础 满堂基础、桩承台无梁式)	m²	50.54

五、总结拓展

建模四棱台独立基础

软件在独立基础里提供了多种参数图供选择,如图7.15所示,选择"新建独立基础单元"后,再选择参数化图形,用点画法绘制图元,如图7.16所示。

图7.15

图 7.16

问 题思考

（1）基础部分需要绘制哪些构件，应如何定义？

（2）如何绘制面式垫层？

7.2 土方工程量计算

通过本节的学习，你将能够：

（1）依据清单、定额分析挖土方的计算规则；

（2）定义基坑土方和大开挖土方；

（3）统计挖土方的工程量。

一、任务说明

①完成土方工程的属性定义、做法套用及绘制。

②汇总计算土方工程量。

二、任务分析

①哪些地方需要挖土方？

②基础回填土方应如何进行计算？

三、任务实施

1）分析图纸

分析结施-02可知，本工程独立基础柱的土方属于基坑土方，止水板的土方为大开挖土方，依据定额可知，挖土方有工作面 300 mm，根据挖土深度独立基础 JC-7 及大开挖土方需要放坡，放坡土方增量按照定额规定计算。

2)清单、定额计算规则学习

(1)清单计算规则学习

土方清单计算规则,见表7.4。

表7.4   土方清单计算规则

编码	项目名称	单位	计算规则
010101002	挖一般土方	m³	按设计图示尺寸,包括工作面宽度、放坡宽度以立方米计算
010101004	挖基坑土方	m³	按设计图示尺寸,包括工作面宽度、放坡宽度以立方米计算
010103001	回填方	m³	按设计图示尺寸以立方米计算: (1)场区(含地下室顶板以上)回填:按回填面积乘以平均回填厚度计算 (2)室内(含地下室内)回填:按墙间净面积(扣除连续底面积2 m²以上的设备基础等面积)乘以回填厚度计算 (3)基础回填:按挖方清单项目工程量减去自然地坪以下埋设的基础体积(包括基础垫层及其他构筑物)计算 (4)管道沟槽回填,按挖方体积减去管道及基础等埋入物的体积计算,埋入物体积按非管道井室的构筑物断面面积×管道中心线长度×1.025计算

(2)定额计算规则学习

土方定额计算规则,见表7.5。

表7.5   土方定额计算规则

编码	项目名称	单位	计算规则
10101049	挖掘机挖一般土方(不装车 三类土)	m³	挖土工程量按设计图示尺寸体积计算
10101055	挖掘机挖槽坑土方(不装车 三类土)	m³	按设计图示尺寸和有关规定以体积计算
10101102	回填工程(填土机械 夯实平地)	m³	室内回填土:主墙间面积乘以回填厚度以m³计算基础回填土:挖方体积减自然地坪以下埋设的砌筑物体积(包括基础、垫层及其他构筑物)

3)定义、绘制土方

(1)基坑土方绘制

用反建构件法,在垫层界面单击"生成土方",如图7.17所示。

选择独立基础JC-7的垫层,单击鼠标右键即可完成基坑土方的定义和绘制。

(2)挖一般土方绘制

在垫层定义界面,选择"生成土方"→"大开挖土方",如图7.18所示。

用鼠标左键选择止水板垫层,单击鼠标右键即可完成大开挖土方的定义和绘制,如图7.19所示。

图 7.17

图 7.18

图7.19

4)土方做法套用

大开挖、基坑土方做法套用,如图7.20和图7.21所示。

图7.20

图7.21

四、任务结果

汇总计算,统计土方的清单、定额工程量,见表7.6。

表7.6 土方的清单、定额工程量

编码	项目名称	单位	工程量
010101002001	挖一般土方	m³	3962.00
10101049	挖掘机挖一般土方(不装车 三类土)	m³	3962.00

续表

编码	项目名称	单位	工程量
010101004001	挖基坑土方	m³	216.12
10101055	挖掘机挖槽坑土方（不装车 三类土）	m³	216.12

五、总结拓展

土方的定义和绘制可采用自动生成功能实现，也可手动定义和绘制。

问题思考

（1）大开挖土方如何定义与绘制？

（2）土方回填的智能布置如何完成？

8 装修工程量计算

通过本章的学习,你将能够:

(1)定义楼地面、天棚、墙面、踢脚、吊顶;

(2)在房间中添加依附构件;

(3)统计各层的装修工程量。

8.1 首层装修工程量计算

通过本节的学习,你将能够:

(1)定义房间;

(2)分类统计首层装修工程量。

一、任务说明

①根据福建省工程做法表(见第1章表1.1)完成全楼装修工程的楼地面、天棚、墙面、踢脚、吊顶的构件定义及做法套用。

②建立首层房间单元,添加依附构件并绘制。

③汇总计算,统计首层装修工程的工程量。

二、任务分析

①楼地面、天棚、墙面、踢脚、吊顶的构件做法在图中的什么位置可以找到?

②各装修做法套用清单和定额时,如何正确地编辑工程量表达式?

③装修工程中如何用虚墙分割空间?

④外墙保温如何定义、套用做法?地下与地上一样吗?

三、任务实施

1)分析图纸

分析建施-01的室内装修做法表,首层有6种装修类型的房间:大堂、办公室1、办公室2、楼梯间、走廊、卫生间;装修做法有楼面1、楼面2、楼面3、楼面4、踢脚1、踢脚2、踢脚3、内墙

1、内墙2、天棚1、吊顶1、吊顶2。

2）清单、定额规则学习

（1）清单计算规则学习

装饰装修清单计算规则，见表8.1。

表8.1　装饰装修清单计算规则

编码	项目名称	单位	计算规则
011102003	块料楼地面	m²	按设计图示尺寸以面积计算。门洞、空圈、暖气包槽、壁龛的开口部分并入相应的工程量内
011102001	石材楼地面	m²	按设计图示尺寸以面积计算。门洞、空圈、暖气包槽、壁龛的开口部分并入相应的工程量内
011105003	块料踢脚线	m²/m	（1）以m²计量，按设计图示长度乘以高度以面积计算 （2）以m计量，按延长米计算
011105002	石材踢脚线	m²/m	（1）以m²计量，按设计图示长度乘以高度以面积计算 （2）以m计量，按延长米计算
011407001	墙面喷刷涂料	m²	按设计图示尺寸以面积计算
011204003	块料墙面	m²	按镶贴表面积计算
011407002	天棚喷刷涂料	m²	按设计图示尺寸以面积计算
011302001	吊顶天棚	m²	按设计图示尺寸以水平投影面积计算。天棚面中的灯槽及跌级、锯齿形、吊挂式、藻井式天棚面积不展开计算。不扣除间壁墙、检查口、附墙烟囱、柱垛和管道所占面积，扣除单个>0.3 m²的孔洞、独立柱及与天棚相连的窗帘盒所占的面积

（2）定额计算规则学习

①楼地面装修定额计算规则（以楼面1为例），见表8.2，其余楼地面装修定额套用方法参考楼面1，见表8.3。

【工程做法】

楼面1（铺地砖楼面，地砖规格600 mm×600 mm）用料及做法：

①铺10 mm厚600 mm×600 mm陶瓷地砖，干水泥擦缝。

②25 mm厚1:3干硬性水泥砂浆结合层，表面撒水泥粉。

③水泥浆一道（内掺建筑胶）。

④现浇钢筋混凝土楼板或预制楼板之现浇叠合层，随打随抹光。

表8.2　楼面1装修定额计算规则

编码	项目名称	单位	计算规则
10111046	（地砖楼地面水泥砂浆结合层 不勾缝周长3200 mm以内）	m²	按设计图示尺寸以面积计算。扣除凸出地面构筑物、设备基础、室内管道、地沟等所占面积，不扣除间壁墙和单个面积0.3 m²以内的柱、垛、附墙烟囱及孔洞所占面积。门洞、空圈、壁龛的开口部分应并入相应工程量内

表8.3　楼地面装修定额计算规则

构造层次	编码	项目名称	单位	计算规则
面层	10111046	（地砖楼地面水泥砂浆结合层不勾缝周长3200 mm以内）以内湿铺	m²	按设计图示的实铺面积计算
	10111036	磨光大理石板地面（大理石规格800 mm×800 mm）	m²	按设计图示的实铺面积计算
	10111017	水泥砂浆楼地面面层（20 mm厚）	m²	按主墙间图示尺寸的面积计算,应扣除凸出地面的构筑物、设备基础、室内铁道、地沟等所占面积,不扣除附墙柱、墙垛、间壁墙、附墙烟囱及面积在0.3 m²以内孔洞所占面积,门洞、空圈、暖气包槽、壁龛开口部分的面积亦不增加
找平层	10111002	水泥砂浆找平层（在混凝土或硬基层面上20 mm厚）	m²	
	10111001	水泥砂浆找平层（在填充保温材料上20 mm厚）	m²	
	10111013	细石混凝土找平层（在硬基层面上30 mm厚）	m²	
防水层	10109082	涂料防水（聚氨酯防水涂膜1.5 mm厚　平面）	m²	按设计图示尺寸以面积计算。应扣除凸出地面的构筑物,设备基础等所占的面积,不扣除附墙柱、垛、附墙烟囱及单个面积在0.3 m²以内的孔洞所占面积。平面与立面接处高在30 cm以内者按其展开面积计算,并入相应平面定额项目工程量内,超过30 cm时,按相应立面定额项目计算
垫层	10105001	基础（C15预拌泵送普通混凝土垫层）	m³	按主墙间设计尺寸的面积乘以设计厚度以体积计算,应扣除凸出地面的构筑物、设备基础、室内铁道、地沟等所占积,不扣除柱、墙垛、间壁墙、附墙烟囱及面积在0.3 m²以内孔洞所占面积或体积
	10104068	3:7灰土垫层	m³	

②踢脚定额计算规则（以踢脚1为例）,见表8.4,其余楼踢脚板装修定额套用方法参考踢脚1,见表8.5。

【工程做法】

踢脚1（铺地砖踢脚加气混凝土砌块墙）用料及做法:

①10 mm厚铺地砖踢脚,稀水泥浆（或彩色水泥浆）擦缝。

②9 mm厚1:2水泥砂浆（内掺建筑胶）黏结层。

③素水泥浆一道（内掺建筑胶）。

表8.4　踢脚1定额计算规则

编码	项目名称	单位	计算规则
10111098	楼地面地砖踢脚板（10 mm 厚水泥砂浆结合层）	m²	按设计图示实贴面积计算

表8.5　踢脚定额计算规则

编码	项目名称	单位	计算规则
10111098	陶瓷地砖踢脚板	m²	按设计图示实贴面积计算
10111096	大理石踢脚板	m²	按设计图示实贴面积计算
10111095	水泥砂浆踢脚板	m²	按设计图示长度乘以高度以面积计算

③内墙面、独立柱装修定额计算规则（以内墙1为例），其余楼内墙面、独立柱装修定额套用方法参考内墙1，见表8.6。

【工程做法】

内墙面1（水泥砂浆墙面加气混凝土砌块墙）用料及做法：

①刷（喷）内墙涂料（一底二面）。

②15 mm厚1∶2.5石灰膏砂浆打底分层抹平。

③专用界面剂一道甩毛（甩前喷湿墙面）。

表8.6　内墙面、独立柱装修定额计算规则

编码	项目名称	单位	计算规则
10114147	内墙涂料（墙面3遍）	m²	
10112001	内墙面水泥砂浆一般抹灰（15 mm 厚砖墙、混凝土墙）	m²	按设计图示尺寸以面积计算。扣除墙裙、门窗洞口及单个面积>0.3 m²的孔洞面积，不扣除踢脚线、挂镜线及单个面积≤0.3 m²的孔洞和墙与构件交接处的面积，且门窗洞口和孔洞的侧壁四周面积不增加。附墙柱、梁、垛、烟囱侧壁并入相应的墙面面积内
10112061	界面剂、铺网（加气混凝土专用界面剂）	m²	
10112059	界面剂、铺网（素水泥浆界面剂）	m²	
10112069	内墙面面砖（每块面积≤0.01 m²水泥砂浆粘贴面砖灰缝10 mm以内）	m²	按块料面层的镶贴表面积计算

④天棚、吊顶定额计算规则（以天棚1、吊顶1为例），其余楼天棚、吊顶装修定额套用方法参考天棚1、吊顶1，见表8.7。

【工程做法】

1.天棚1(板底抹混合砂浆顶棚,现浇或预制混凝土板)水性耐擦洗涂料用料及做法:

①面浆(或涂料)饰面两遍。

②2 mm厚面层耐水腻子刮平。

③3 mm厚底基防裂腻子分遍找平。

④5 mm厚1:0.5:3水泥石灰膏砂浆打底。

⑤素水泥一道甩毛(内掺建筑胶)。素水泥一道甩毛(内掺建筑胶)。

2.吊顶1铝合金条板吊顶(混凝土板下双层U形轻钢龙骨基层)用料及做法:

①铝合金条板与配套专用龙骨固定。

②与铝合金条板配套的专用龙骨间距≤1200 mm,用吊件与承载龙骨固定。

③轻钢承载龙骨C60,间距≤1200 mm,用吊件与钢筋吊杆连接后找平。

④10号镀锌低碳钢丝吊杆,双向中距≤1200 mm,吊杆上部与板底预留吊环(勾)固定。

⑤现浇混凝土板底预留φ10钢筋吊环(勾),双向中距≤1200 mm(预制板可在板缝内预留吊环)。

表8.7 天棚、吊顶定额计算规则

编码	项目名称	单位	计算规则
10114149	天棚涂料	m²	按设计结构尺寸的抹灰面积计算,应扣除独立柱及天棚相连窗帘盒的面积,不扣除间壁墙、墙垛、附墙烟囱、检查口和管道所占的面积。带梁天棚、梁两侧抹灰面积,并入天棚抹灰工程量内算。斜天棚按斜长乘以宽度以面积计算
10113001	天棚抹灰混凝土面水泥石灰膏浆底纸筋灰浆面	m²	
10113099	铝合金板条天棚面层(闭缝)	m²	按设计图示尺寸以水平投影面积计算
10113050	铝合金方板天棚龙骨(不上人型)(嵌入式面层规格500 mm×500 mm)	m²	
10113083	矿棉板天棚面层(搁放在龙骨上)	m²	天棚面层和基层工程量按主墙间设计图示尺寸的实铺展开面积计算。不扣除隔断、墙垛、附墙烟囱、检查口和管道所占的面积;扣除独立柱、灯槽和天棚相连窗帘盒及大于0.30 m²的孔洞所占的面积
10113019	天棚龙骨(装配式U形轻钢不上人型)面层规格600 mm×600 mm平面	m²	按主墙间设计图示尺寸以面积计算。不扣除隔断、墙垛、附墙烟囱、检查口和管道所占的面积

3)装修构件的属性定义及做法套用

(1)楼地面的属性定义

单击导航树中的"装修"→"楼地面",在"构件列表"中选择"新建"→"新建楼地面",在"属性编辑框"中输入相应的属性值,如有房间需要计算防水,需在"是否计算防水"处选择"是",如图8.1—图8.4所示。

图 8.1

图 8.2

图 8.3

图 8.4

（2）内墙面的属性定义

新建内墙面构件的属性定义，如图8.5和图8.6所示。

图 8.5

图8.6

（3）踢脚的属性定义

新建踢脚构件的属性定义，如图8.7—图8.9所示。

图8.7

图8.8

图8.9

（4）天棚的属性定义

新建天棚构件的属性定义，如图8.10所示。

图8.10

（5）吊顶的属性定义

分析建施-01可知，吊顶1距地的高度，吊顶1的属性定义，如图8.11和图8.12所示。

图8.11

图8.12

（6）房间的属性定义

通过"添加依附构件"，建立房间中的装修构件。构件名称下的"楼面1"可以切换成"楼面2"或"楼面3"，其他依附构件也可同样进行操作，如图8.13所示。

4）房间的绘制

点画。按照建施-04中房间的名称,选择软件中已建立好的房间,在需要布置装修的房间处单击一下,房间中的装修即可自动布置上去。绘制好的房间,用三维查看效果。为保证大厅的"点"功能绘制,可在④~⑤/Ⓑ轴上补画一道虚墙,如图8.14所示。

图8.13

图8.14

四、任务结果

按照以上保温层的绘制方式,完成其他层外保温层的绘制并汇总计算,统计各层保温层的工程量,见表8.8。

表8.8　首层装饰装修工程量

编码	项目名称	单位	工程量
楼面1地砖楼面			
011102003001	块料楼地面 （1）10 mm厚600 mm×600 mm陶瓷地砖,干水泥擦缝 （2）25 mm厚1:3干硬性水泥砂浆结合层,表面撒水泥粉 （3）水泥浆一道（内掺建筑胶） （4）现浇钢筋混凝土楼板	m²	323.41
10111046	地砖楼地面水泥砂浆结合层不勾缝周长3200 mm以内	m²	323.41

续表

编码	项目名称	单位	工程量
楼面2防滑地砖			
011102003001	块料楼地面 (1)10 mm厚400 mm×400 mm防滑地砖,干水泥擦缝 (2)25 mm厚1:3干硬性水泥砂浆结合层,表面撒水泥粉	m²	65.08
10111045	地砖楼地面水泥砂浆结合层不勾缝周长1600 mm以内	m²	65.08
010904002001	楼(地)面涂膜防水 1.5 mm厚聚氨酯涂膜防水层	m²	66.43
10109082	涂料防水(聚氨酯防水涂膜1.5 mm厚 平面)	m²	66.43
011101006001	平面砂浆找平层 (1)最薄处30 mm厚1:3找坡层,坡向地漏,一次抹平 (2)水泥浆一道(内掺建筑胶) (3)现浇钢筋混凝土楼板	m²	66.43
10111002	水泥砂浆找平层(在混凝土或硬基层面上30 mm厚)	m²	66.43
楼面3大理石			
011102001001	石材楼地面 (1)20 mm厚大理石板,水泥浆擦缝 (2)30 mm厚1:3干硬性水泥砂浆结合层,表面撒水泥粉 (3)水泥浆一道(内掺建筑胶) (4)现浇钢筋混凝土楼板	m²	117.64
10111036	石板材楼地面水泥砂浆结合层单色周长3200 mm以内	m²	117.64
楼面4水泥楼面			
011101001001	水泥砂浆楼地面 (1)20 mm厚1:2.5水泥砂浆 (2)水泥浆一道(内掺建筑胶) (3)钢筋混凝土楼板	m²	64.14
10111017	水泥砂浆楼地面面层(20 mm厚)	m²	64.14
踢脚1防滑地砖			
011105003001	块料踢脚线 (1)10 mm厚400 mm×100 mm防滑地砖踢脚,稀水泥浆擦缝 (2)9 mm厚1:2水泥砂浆黏结层(内掺建筑胶) (3)素水泥浆一道(内掺建筑胶)	m²	21.80
10111098	楼地面地砖踢脚板(10 mm厚水泥砂浆结合层)	m²	21.80
10112059	界面剂、铺网(素水泥浆界面剂)	m²	21.80
踢脚2大理石踢脚			
011105002001	石材踢脚线 (1)15 mm厚800 mm×100 mm深色大理石板,稀水泥浆擦缝 (2)10 mm厚水泥砂浆黏结层(内掺建筑胶) (3)界面剂一道(甩前用水喷湿墙面)	m²	6.18

编码	项目名称	单位	工程量
10111096	楼地面石板材踢脚板(10 mm厚水泥砂浆结合层)	m²	6.18
10112061	界面剂、铺网(加气混凝土专用界面剂)	m²	6.18
踢脚3 水泥踢脚			
011105001001	水泥砂浆踢脚线 (1)6 mm厚1:2.5水泥砂浆抹面压实赶光 (2)素水泥浆一道 (3)8 mm厚1:3水泥砂浆打底或画出纹道 (4)素水泥浆一道(内掺建筑胶)	m²	5.35
10111095	楼地面踢脚板水泥砂浆面层(底8 mm、面6 mm)	m²	5.35
10112059	界面剂、铺网(素水泥浆界面剂)	m²	5.35
内墙面1 水泥砂浆			
011407001001	墙面喷刷涂料 刷(喷)内墙涂料(一底二面)	m²	1094.82
10114147	内墙涂料(墙面3遍)	m²	1094.82
011201001001	墙面一般抹灰 (1)15 mm厚1:2.5石灰膏砂浆打底分层抹平 (2)专用界面剂一道甩毛(甩前喷湿墙面)	m²	1102.02
10112001	内墙面水泥砂浆一般抹灰(15 mm厚砖墙、混凝土墙)	m²	1102.02
10112061	界面剂、铺网(加气混凝土专用界面剂)	m²	1102.02
内墙面2 瓷砖墙面			
011204003001	块料墙面 (1)白水泥擦缝 (2)5 mm厚釉面砖(贴前充分浸湿) (3)5 mm厚1:2建筑胶水泥砂浆黏结层 (4)刷素水泥浆一道	m²	164.34
10112069	内墙面面砖(每块面积≤0.01 m²水泥砂浆粘贴面砖灰缝10 mm以内)	m²	164.34
10112059	界面剂、铺网(素水泥浆界面剂)	m²	158.68
011201004001	立面砂浆找平层 (1)6 mm厚1:0.5:2.5水泥石灰膏砂浆打底扫毛 (2)8 mm厚1:1:6水泥石灰膏砂浆打底扫毛 (3)界面剂一道甩毛	m²	158.68
10112001	内墙面水泥砂浆一般抹灰(8 mm+6 mm厚砖墙、混凝土墙)	m²	158.68
10112061	界面剂、铺网(加气混凝土专用界面剂)	m²	158.68
墙裙1 块料墙裙			

续表

编码	项目名称	单位	工程量
011204001002	石材墙面 (1)稀水泥浆擦缝 (2)10 mm厚大理石板,正、背面及四周满涂防污剂	m²	14.63
10112191	石材墙面(内墙粘贴石材水泥砂浆粘贴)	m²	14.63
011201004002	立面砂浆找平层 (1)6 mm厚1:0.5:2.5水泥石灰膏砂浆压实抹平 (2)6 mm厚1:1:6水泥石灰膏砂浆打底扫毛 (3)专用界面剂一道甩毛(甩前先喷湿墙面)	m²	14.40
10112013	内墙面水泥砂浆找平抹灰(6 mm+6 mm厚砖墙、混凝土墙)	m²	14.40
10112061	界面剂、铺网(加气混凝土专用界面剂)	m²	14.40
天棚1抹灰天棚			
011407002001	天棚喷刷涂料 (1)面浆(或涂料)饰面 (2)2 mm厚面层耐水腻子刮平	m²	70.74
10114149	内墙涂料(天棚面两遍)	m²	70.74
10114174	腻子及其他(刮腻子天棚面满刮两遍)	m²	70.74
011301001001	天棚抹灰 (1)3 mm厚底基防裂腻粉找平 (2)5 mm厚1:0.5:3水泥石灰膏砂浆打底 (3)素水泥一道甩毛(内掺建筑胶)	m²	70.74
10113001	天棚抹灰(水泥砂浆天棚混凝土面8 mm现浇)	m²	70.74
10113003	天棚抹灰(素水泥浆界面剂)	m²	70.74
吊顶1铝合金条板吊顶			
011302001001	天棚吊顶 (1)铝合金条板与配套专用龙骨固定 (2)与铝合金条板配套的专用龙骨间距≤1200 mm,用吊件与承载龙骨固定 (3)轻钢承载龙骨C60,间距≤1200 mm,用吊件与钢筋吊杆连接后找平 (4)10号镀锌低碳钢丝吊杆,双向中距≤1200 mm,吊杆上部与板底预留吊环(勾)固定 (5)现浇混凝土板底预留φ10钢筋吊环(勾),双向中距≤1200 mm(预制板可在板缝内预留吊环)	m²	439.35
10113099	铝合金板条天棚面层(闭缝)300 mm×300 mm平面	m²	439.35
10113050	铝合金方板天棚龙骨(不上人型)(嵌入式面层规格500 mm×500 mm)	m²	439.35
吊顶2岩棉吸声板			

续表

编码	项目名称	单位	工程量
011302001002	天棚吊顶 (1)错缝粘贴第二层板材,规格592 mm×592 mm (2)9 mm厚矿棉吸声板用专用黏结剂粘贴 (3)U形轻钢覆面横撑龙骨CB60×27,间距1200 mm,用挂件与次龙骨连接 (4)U形轻钢覆面次龙骨CB60×27,间距400 mm,用挂件与承载龙骨连接 (5)U形轻钢承载龙骨CB60×27,间距≤1200 mm,用吊件与钢筋吊杆连接后找平 (6)ϕ6钢筋吊杆,双向中距≤1200 mm,吊杆上部与预留钢筋吊环固定 (7)现浇混凝土板底预留ϕ8钢筋吊环(勾),双向中距≤1200 mm	m²	43.20
10113083	矿棉板天棚面层(搁放在龙骨上)	m²	43.20
10113019	天棚龙骨[装配式U形轻钢(不上人型)面层规格600 mm×600 mm平面]	m²	43.20

五、总结拓展

装修的房间必是封闭的

在绘制房间图元时,要保证房间必须是封闭的;若不封闭,可使用虚墙将房间进行封闭。

问题思考

(1)虚墙是否计算内墙面工程量?
(2)虚墙是否影响楼面的面积?

8.2 其他层装修工程量计算

通过本节的学习,你将能够:
(1)分析软件在计算装修时的计算思路;
(2)计算各层装修工程量。

其他楼层装修方法同首层,也可考虑从首层复制图元。

一、任务说明

完成各楼层工程装修的工程量。

二、任务分析

①其他楼层与首层做法有何不同?
②装修工程量的计算与主体构件的工程量计算有何不同?

三、任务实施

1)分析图纸

分析建施-01室内装修做法表可知,地下一层除地面外,所用的装修做法和首层装修做法基本相同,地面做法为地面1、地面2、地面3。二层至四层装修做法基本和首层装修做法相同,可以把首层构件复制到其他楼层,然后重新组合房间即可。

2)清单、定额规则学习

（1）清单计算规则学习

其他层装修清单计算规则,见表8.9。

表8.9 其他层装修清单计算规则

编码	项目名称	单位	计算规则
011102001	石材楼地面	m²	按设计图示尺寸以面积计算。门洞、空圈、暖气包槽、壁龛的开口部分并入相应的工程量内
011102003	块料楼地面	m²	按设计图示尺寸以面积计算。门洞、空圈、暖气包槽、壁龛的开口部分并入相应的工程量内
011101001	水泥砂浆楼地面	m²	按设计图示尺寸以面积计算。扣除凸出地面构筑物、设备基础、室内铁道、地沟等所占面积,不扣除间壁墙及<0.3 m²柱、垛、附墙烟囱及孔洞所占面积。门洞、空圈、暖气包槽、壁龛的开口部分不增加面积
010103001	回填方	m³	按设计图示尺寸以体积计算 （1）场地回填:回填面积乘以平均回填厚度 （2）室内回填:主墙间面积乘回填厚度,不扣除间隔墙 （3）基础回填:按挖方清单项目工程量减去自然地坪以下埋设的基础体积(包括基础垫层及其他构筑物)

（2）定额计算规则

其他层装修定额计算规则,以地面4层为例,见表8.10。

【工程做法】

地面4(水泥砂浆地面荷载中等)用料及做法:

①20 mm厚1:2水泥砂浆压实抹光。

②水泥浆一道(内掺建筑胶)。

③100 mm 厚 C15 混凝土垫层。

④150 mm 厚 3:7 灰土。

⑤素土夯实。

表 8.10　其他层装修定额计算规则

编码	项目名称	单位	计算规则
10111017	水泥砂浆地面	m²	按主墙间图示尺寸的面积计算,应扣除凸出地面的构筑物、设备基础、室内铁道、地沟等所占面积,不扣除附墙柱、墙垛、间壁墙、附墙烟囱及面积在 0.3 m² 以内孔洞所占面积,门洞、空圈、暖气包槽、壁龛开口部分的面积亦不增加
10105001	楼地面垫层商品混凝土	m³	按主墙间设计尺寸的面积乘以设计厚度以体积计算,应扣除凸出地面的构筑物、设备基础、室内铁道、地沟等所占体积,不扣除柱、墙垛、间壁墙、附墙烟囱及面积在 0.3 m² 以内孔洞所占面积或体积
10104068	3:7 灰土垫层	m³	
10101102	室内回填土(夯填土)	m³	按设计图示尺寸以体积计算,室内回填按主墙间净面积乘以回填土厚度计算

四、任务结果

汇总计算,统计地下一层室内装饰装修清单工程量,见表 8.11。

表 8.11　地下一层室内装饰装修清单、定额工程量

编码	项目名称	单位	工程量
地面 1 大理石地面			
011102001001	石材楼地面 (1)20 mm 厚大理石板,水泥浆擦缝 (2)30 mm 厚 1:3 干硬性水泥砂浆结合层,表面撒水泥粉 (3)水泥浆一道(内掺建筑胶)	m²	327.29
10111036	石板材楼地面水泥砂浆结合层单色周长 3200 mm 以内	m²	327.29
010501001001	垫层 (1)60 mm 厚 C15 混凝土垫层 (2)素土夯实	m³	19.64
10105001	基础(C15 预拌泵送普通混凝土 垫层)	m³	19.64
地面 2 防滑地砖			
011102003001	块料楼地面 (1)10 mm 厚 400 mm×400 mm 防滑地砖,干水泥擦缝 (2)25 mm 厚 1:3 干硬性水泥砂浆结合层,表面撒水泥粉	m²	64.70
10111045	(地砖楼地面水泥砂浆结合层不勾缝周长 1600 mm 以内)	m²	64.70
010904002001	楼(地)面涂膜防水 1.5 mm 厚聚氨酯涂膜防水层	m²	64.70
10109082	涂料防水(聚氨酯防水涂膜 1.5 mm 厚平面)	m²	64.70

续表

编码	项目名称	单位	工程量
011101006001	平面砂浆找平层 (1)最薄处30 mm厚1:3找坡层,坡向地漏,一次抹平 (2)水泥浆一道(内掺建筑胶) (3)现浇钢筋混凝土楼板	m²	64.70
10111002	水泥砂浆找平层(在混凝土或硬基层面上30 mm厚)	m²	64.70
010501001001	垫层 (1)60 mm厚C15混凝土垫层 (2)素土夯实	m³	3.88
10105001	基础(C15预拌泵送普通混凝土 垫层)	m³	3.88
地面3地砖地面			
011102003001	块料楼地面 (1)10 mm厚600 mm×600 mm陶瓷地砖,干水泥擦缝 (2)25 mm厚1:3干硬性水泥砂浆结合层,表面撒水泥粉 (3)水泥浆一道(内掺建筑胶)	m²	116.25
10111046	(地砖楼地面水泥砂浆结合层不勾缝周长3200 mm以内)	m²	116.25
010501001001	垫层 (1)60 mm厚C15混凝土垫层 (2)素土夯实	m³	6.98
10105001	基础(C15预拌泵送普通混凝土 垫层)	m³	6.98
地面4水泥地面			
011101001001	水泥砂浆楼地面 (1)20 mm厚1:2.5水泥砂浆 (2)水泥浆一道(内掺建筑胶) (3)钢筋混凝土楼板	m²	43.00
10111017	水泥砂浆楼地面面层(20 mm厚)	m²	43.00
010501001001	垫层 (1)60 mm厚C15混凝土垫层 (2)素土夯实	m³	2.58
10105001	基础(C15预拌泵送普通混凝土 垫层)	m³	2.58
踢脚1防滑地砖			
011105003001	块料踢脚线 (1)10 mm厚400 mm×100 mm防滑地砖踢脚,稀水泥浆擦缝 (2)9 mm厚1:2水泥砂浆黏结层(内掺建筑胶) (3)素水泥浆一道(内掺建筑胶)	m²	20.34
10111098	楼地面地砖踢脚板(10 mm厚水泥砂浆结合层)	m²	20.34
10112059	界面剂、铺网(素水泥浆界面剂)	m²	20.34

编码	项目名称	单位	工程量
踢脚2大理石踢脚			
011105002001	石材踢脚线 (1)15 mm厚800 mm×100 mm深色大理石板,稀水泥浆擦缝 (2)10 mm厚水泥砂浆黏结层(内掺建筑胶) (3)界面剂一道(甩前用水喷湿墙面)	m²	8.04
10111096	楼地面石板材踢脚板(10 mm厚水泥砂浆结合层)	m²	8.04
10112061	界面剂、铺网(加气混凝土专用界面剂)	m²	8.04
踢脚3水泥踢脚			
011105001001	水泥砂浆踢脚线 (1)6 mm厚1:2.5水泥砂浆抹面压实赶光 (2)素水泥浆一道 (3)8 mm厚1:3水泥砂浆打底划出纹道 (4)素水泥浆一道(内掺建筑胶)	m²	6.14
10111095	楼地面踢脚板水泥砂浆面层(底8 mm、面6 mm)	m²	6.14
10112059	界面剂、铺网(素水泥浆界面剂)	m²	6.14
内墙面1水泥砂浆			
011407001001	墙面喷刷涂料 刷(喷)内墙涂料(一底二面)	m²	1207.0
10114147	内墙涂料(墙面3遍)	m²	1207.90
011201001001	墙面一般抹灰 (1)15 mm厚1:2.5石灰膏砂浆打底分层抹平 (2)专用界面剂一道甩毛(甩前喷湿墙面)	m²	1219.65
10112001	内墙面水泥砂浆一般抹灰(15 mm厚砖墙、混凝土墙)	m²	1219.65
10112061	界面剂、铺网(加气混凝土专用界面剂)	m²	1219.65
内墙面2瓷砖墙面			
011204003001	块料墙面 (1)白水泥擦缝 (2)5 mm厚釉面砖(贴前充分浸湿) (3)5 mm厚1:2建筑胶水泥砂浆黏结层 (4)刷素水泥浆一道	m²	167.73
10112069	内墙面面砖(每块面积<0.01 m² 水泥砂浆粘贴面砖灰缝10 mm以内)	m²	167.73
10112059	界面剂、铺网(素水泥浆界面剂)	m²	167.73
011201004001	立面砂浆找平层 (1)6 mm厚1:0.5:2.5水泥石灰膏砂浆打底扫毛 (2)8 mm厚1:1:6水泥石灰膏砂浆打底扫毛 (3)界面剂一道甩毛	m²	164.56
10112001	内墙面水泥砂浆一般抹灰(8 mm+6 mm厚砖墙、混凝土墙)	m²	164.56

续表

编码	项目名称	单位	工程量
10112061	界面剂、铺网（加气混凝土专用界面剂）	m²	164.56
天棚1抹灰天棚			
011407002001	天棚喷刷涂料 (1)面浆（或涂料）饰面 (2)2 mm厚面层耐水腻子刮平	m²	38.96
10114149	内墙涂料（天棚面两遍）	m²	38.96
10114174	腻子及其他（刮腻子天棚面满刮两遍）	m²	38.96
011301001001	天棚抹灰 (1)3 mm厚底基防裂腻子分遍找平 (2)5 mm厚1:0.5:3水泥石灰膏砂浆打底 (3)素水泥一道甩毛（内掺建筑胶）	m²	38.96
10113001	天棚抹灰（水泥砂浆天棚混凝土面8 mm现浇）	m²	38.96
10113003	天棚抹灰（素水泥浆界面剂）	m²	38.96
吊顶1铝合金条板吊顶			
011302001001	天棚吊顶 (1)铝合金条板与配套专用龙骨固定 (2)与铝合金条板配套的专用龙骨间距≤1200 mm,用吊件与承载龙骨固定 (3)轻钢承载龙骨C60,间距≤1200 mm,用吊件与钢筋吊杆连接后找平 (4)10号镀锌低碳钢丝吊杆,双向中距≤1200 mm,吊杆上部与板底预留吊环（勾）固定 (5)现浇混凝土板底预留φ10钢筋吊环（勾）,双向中距≤1200 mm（预制板可在板缝内预留吊环）	m²	435.82
10113099	铝合金板条天棚面层（闭缝）300 mm×300 mm平面	m²	435.8
10113050	铝合金方板天棚龙骨（不上人型）（嵌入式面层规格500 mm×500 mm）	m²	435.8
吊顶2岩棉吸声板			
011302001002	天棚吊顶 (1)错缝粘贴第二层板材,规格592 mm×592 mm×d (2)9 mm厚矿棉吸声板用专用黏结剂粘贴 (3)U形轻钢覆面横撑龙骨CB60×27,间距1200 mm,用挂件与次龙骨连接 (4)U形轻钢覆面次龙骨CB60×27,间距400 mm,用挂件与承载龙骨连接 (5)U形轻钢承载龙骨CB60×27,间距≤1200 mm,用吊件与钢筋吊杆连接后找平 (6)φ6钢筋吊杆,双向中距≤1200 mm,吊杆上部与预留钢筋吊环固定 (7)现浇混凝土板底预留φ8钢筋吊环（勾）,双向中距≤1200 mm	m²	41.54
10113083	矿棉板天棚面层（搁放在龙骨上）	m²	41.54
10113019	天棚龙骨[装配式U形轻钢（不上人型）面层规格600 mm×600 mm平面]	m²	41.54

8.3 外墙保温层计算

通过本节的学习,你将能够:
(1)定义外墙保温层;
(2)统计外墙保温层的工程量。

一、任务说明
完成各楼层外墙保温层的工程量。

二、任务分析
①地上外墙与地下部分保温层的做法有何不同?
②保温层增加后是否会影响外墙装修的工程量计算?

三、任务实施

1)分析图纸

由分析建施-01中"(六)墙体设计"可知,外墙外侧做50 mm厚的保温。

2)清单、定额计算规则学习

(1)清单计算规则学习
外墙及保温层清单计算规则,见表8.12。

表8.12 外墙及保温层清单计算规则

编码	项目名称	单位	计算规则
011204003	块料墙面(外墙1)	m^2	按镶贴表面积计算
011204001	石材墙面(外墙2)	m^2	按镶贴表面积计算
011407001	墙面喷刷涂料(外墙3)	m^2	按设计图示尺寸以面积计算
011209002	玻璃幕墙(外墙4)	m^2	按设计图示尺寸以面积计算

(2)定额计算规则学习
外墙及保温层定额计算规则,见表8.13。

表8.13 外墙及保温层定额计算规则

编码	项目名称	单位	计算规则
10112091	外墙面面砖(每块面积≤0.02 m^2水泥砂浆粘贴面砖灰缝10 mm以内)	m^2	按设计图示的实贴面积计算

续表

编码	项目名称	单位	计算规则
10112005	外墙面水泥砂浆一般抹灰（12 mm+5 mm厚砖墙、混凝土墙）	m²	按外墙设计结构尺寸的抹灰面积计算。应扣除门窗洞口、外墙裙和大于0.3 m²孔洞所占面积，洞口侧壁、顶面面积、附墙垛、梁、柱侧面抹灰面积并入外墙面抹灰工程量内计算
10110029	保温隔热墙体（聚苯乙烯泡沫板附墙铺贴50 mm厚）	m³	按设计图示尺寸，外墙按隔热层中心线长度，内墙按隔热层净长度乘以高和厚以体积计算。应扣除门窗洞口、管道穿墙洞口及单个面积在0.30 m²以外孔洞所占的体积。独立墙体及混凝土板下铺贴隔热层，不扣除木框架、木龙骨及单个面积在0.30 m²以内孔洞所占的体积
10112197	石材墙面（墙面挂钩式干挂石材密缝）	m²	按设计图示的实贴面积计算
10114156	外墙丙烯酸酯涂料（墙面3遍）	m²	按外墙设计结构尺寸的抹灰面积计算。应扣除门窗洞口、外墙裙和大于0.3 m²孔洞所占面积，洞口侧壁、顶面面积、附墙垛、梁、柱侧面抹灰面积并入外墙面抹灰工程量内计算
10112366	带骨架幕墙（玻璃幕墙 明框）	m²	按设计图示尺寸的外围面积计算

新建外墙面，如图8.15—图8.18所示。

图8.15

图8.16

用"点"功能绘制时，鼠标在外墙外侧单击左键即可，如图8.19所示。或者选择"智能布置"→"外墙外边线"，即可完成外墙的外侧保温层。其他楼层的操作方法相同。

图 8.17

图 8.18

图 8.19

选择④~⑤轴的外墙面1，修改属性值起点和终点的底标高为"3.4"，如图8.20所示。

图8.20

墙面2的操作方法同墙面1，布置位置同墙面1。

选择④~⑤轴的外墙面2，修改属性值起点和终点的顶标高为"3.4"（因为已经绘制了外墙面1和外墙面2，选中时可以在三维状态下，选中外墙面2），如图8.21所示。

图8.21

外墙面3的绘制，如图8.22所示。

图8.22

四、任务结果

汇总计算,统计首层外墙保温层的清单、定额的工程量,见表8.14。

表8.14　首层外墙保温层的清单、定额工程量

编码	项目名称	单位	工程量
外墙1贴面砖墙面带保温			
011204003003	块料墙面 (1)1:1水泥砂浆(细砂)勾缝 (2)贴10 mm厚外墙饰面砖,在砖粘贴面上随贴随涂刷一道混凝土	m²	202.66
10112091	外墙面面砖(每块面积≤0.02 m²水泥砂浆粘贴面砖灰缝10 mm以内)	m²	202.66
011201004002	立面砂浆找平层 (1)6 mm厚1:2.5水泥砂浆(掺建筑胶) (2)刷素水泥浆一道(内掺重5%的建筑胶) (3)5 mm厚1:3水泥砂浆打底扫毛 (4)刷聚合物水泥浆一道	m²	201.80
10112018	外墙面水泥砂浆找平抹灰(6 mm+5 mm厚砖墙、混凝土墙)	m²	201.80
10112059	界面剂、铺网(素水泥浆界面剂)	m²	201.80
10112063	界面剂、铺网(刷聚合物水泥浆一道)	m²	201.80
011001003001	保温隔热墙面 外墙外保温聚苯乙烯板厚度50 mm	m²	201.80
10110029	保温隔热墙体(聚苯乙烯泡沫板附墙铺贴50 mm厚)	m²	201.80
外墙2干挂花岗岩墙面带保温			

续表

编码	项目名称	单位	工程量
011204001002	石材墙面 25 mm厚大理石板，干挂，密缝	m²	124.86
10112197	石材墙面（墙面挂钩式干挂石材密缝）	m²	124.86
011001003001	保温隔热墙面 外墙外保温聚苯乙烯板厚度50 mm	m²	124.86
10110029	保温隔热墙体（聚苯乙烯泡沫板附墙铺贴50 mm厚）	m²	124.86
外墙3墙面喷刷涂料带保温			
011407001002	墙面喷刷涂料 喷（刷）外墙涂料（一底二面）	m²	28.37
10114156	外墙丙烯酸酯涂料（墙面3遍）	m²	28.37
011201001003	墙面一般抹灰 (1)12 mm厚1:2.5水泥砂浆找平 (2)刷素水泥浆一道（内掺水重5%的建筑胶） (3)5 mm厚1:3水泥砂浆打底扫毛 (4)刷聚合物水泥浆一道	m²	28.37
10112005	外墙面水泥砂浆一般抹灰（12 mm+5 mm厚砖墙、混凝土墙）	m²	28.37
10112059	界面剂、铺网（素水泥浆界面剂）		28.37
10112063	界面剂、铺网（刷聚合物水泥浆一道）	m³	28.37
011001003001	保温隔热墙面 外墙外保温聚苯乙烯板厚度50 mm	m²	28.37
10110029	保温隔热墙体（聚苯乙烯泡沫板附墙铺贴50 mm厚）	m²	28.37

问题思考

外墙保温层增加后是否影响建筑面积的计算？

9 零星及其他工程量计算

通过本章的学习,你将能够:
(1)掌握平整场地、建筑面积的工程量计算;
(2)掌握挑檐、雨篷的工程量计算;
(3)掌握台阶、散水及栏杆的工程量计算。

9.1 平整场地、建筑面积工程量计算

通过本节的学习,你将能够:
(1)依据定额和清单分析平整场地、建筑面积的工程量计算规则;
(2)定义平整场地、建筑面积的属性及做法套用;
(3)绘制平整场地、建筑面积;
(4)统计平整场地、建筑面积的工程量。

一、任务说明
①完成平整场地、建筑面积的属性定义、做法套用及图元绘制。
②汇总计算,统计首层平整场地、建筑面积的工程量。

二、任务分析
①平整场地的工程量计算如何定义?此任务中应选用地下一层还是首层的建筑面积?
②首层建筑面积中门厅外雨篷的建筑面积应如何计算?工程量表达式作何修改?
③与建筑面积相关的综合脚手架和工程水电费如何套用清单定额?

三、任务实施

1)分析图纸

分析首层平面图可知,本层建筑面积分为楼层建筑面积和雨篷建筑面积两部分。

2)清单、定额计算规则学习

（1）清单计算规则学习

平整场地清单计算规则，见表9.1。

表9.1　平整场地清单计算规则

编码	项目名称	单位	计算规则
010101001	平整场地	m²	按设计图示尺寸以建筑物首层面积计算。建筑物地下室结构外边线凸出首层结构外边线时，其凸出部分的建筑面积合并计算
011701001	综合脚手架	m²	按建筑面积及附加面积之和以"m²"计算
011703001	垂直运输	项	一个单体工程列一项

（2）定额计算规则学习

平整场地定额计算规则，见表9.2。

表9.2　平整场地定额计算规则

编码	项目名称	单位	计算规则
10101002	平整场地（推土机）	m²	按设计图示尺寸以建筑物首层面积计算。建筑物地下室结构外边线凸出首层结构外边线时，其凸出部分的建筑面积合并计算
10117001	外脚手架（落地式钢管）（外墙扣件式钢管脚手架双排建筑物高度30 m以内）	m²	按所服务对象的垂直投影面积计算
10117089	垂直运输工程（塔吊使用费建筑檐高100 m以内）	台·天	一个单位工程配置1台塔吊。檐口高度24 m以内或层数6层以内的建筑物，塔吊一般从土方开挖起至屋面完成时间止

3)属性定义

（1）平整场地的属性定义

在导航树中选择"其他"→"平整场地"，在"构件列表中"选择"新建"→"新建平整场地"，如图9.1所示。

（2）建筑面积的属性定义

在导航树中选择"其他"→"建筑面积"，在"构件列表"中选择"新建"→"新建建筑面积"，在"属性编辑框"中输入相应的属性值，如图9.2所示。

图9.1

图9.2

4)做法套用

①平整场地的做法在建筑面积中套用,如图9.3所示。

图9.3

②建筑面积的做法套用,针对本项目,在福建省,建筑面积无须考虑清单定额建筑面积的做法套用。

5)画法讲解

(1)平整场地绘制

平整场地属于面式构件,可以点画也可以直线绘制。本工程中注意飘窗部分不计算建筑面积,下面以直线绘制为例,沿着建筑外墙外边线进行绘制,形成封闭区域,单击鼠标右键即可,如图9.4所示。

图9.4

(2)建筑面积绘制

首层建筑面积绘制同平整场地,应特别注意此处飘窗部分不需要计算建筑面积,如图9.5所示。

图9.5

四、任务结果

汇总计算，统计本层平整场地、建筑面积的清单、定额工程量，见表9.3。

表9.3　平整场地、建筑面积的清单、定额工程量

序号	编码	项目名称及特征	单位	工程量
1	010101001001	平整场地 土壤类别：三类土	m²	634.43
	10101002	平整场地（推土机）	m²	634.43

五、总结拓展

①平整场地习惯上是计算首层建筑面积，但是地下室建筑面积大于首层建筑面积时，平整场地以地下室为准。

②当一层建筑面积计算规则不一样时，有几个区域就要建立几个建筑面积属性。

问题思考

（1）平整场地与建筑面积属于面式图元，与用直线绘制其他面式图元有什么区别？需要注意哪些问题？

（2）平整场地与建筑面积绘制图元的范围是一样的，计算结果是否有区别？

（3）工程中的转角窗处的建筑面积是否按全面积计算？

9.2 首层挑檐、雨篷的工程量计算

通过本节的学习，你将能够：

（1）依据定额和清单分析首层挑檐、雨篷的工程量计算规则；

（2）定义首层挑檐、雨篷；

（3）绘制首层挑檐、雨篷；

（4）统计首层挑檐、雨篷的工程量。

一、任务说明

①完成首层挑檐、雨篷的属性定义、做法套用及图元绘制。

②汇总计算，统计首层挑檐、雨篷的工程量。

二、任务分析

①首层挑檐涉及哪些构件？如何分析这些构件的图纸？如何计算这些构件的钢筋工程

量?这些构件的做法都一样吗?如何选用工程量表达式?

②首层雨篷是一个室外构件,为什么要一次性将清单及定额做完?做法套用分别都是些什么?工程量表达式如何选用?

三、任务实施

1)分析图纸

分析结施-10,可以从板平面图中得到飘窗处飘窗板的剖面详图信息,本层的飘窗板是一个异形构件,也可以采用挑檐来计算这部分的钢筋和土建工程量。

分析建施-01,雨篷采用玻璃钢雨篷,面层是玻璃钢,底层为钢管网架,属于成品,由厂家直接定做安装。

2)清单、定额计算规则学习

(1)清单计算规则学习

挑檐、雨篷清单计算规则,见表9.4。

表9.4　挑檐、雨篷清单计算规则

编码	项目名称	单位	计算规则
010505007	天沟(檐沟)、挑檐板	m³	按设计图示尺寸以体积计算
011702022	现浇混凝土模板 挑檐 天沟	m²	按模板与挑檐的接触面积计算
010607003	成品雨篷	m/m²	以m计算,按设计图示接触边以米计算 以m²计算,按设计图示尺寸以展开面积计算

(2)定额计算规则(部分)学习

挑檐、雨篷定额计算规则(部分),见表9.5。

表9.5　挑檐、雨篷定额计算规则

编码	项目名称	单位	计算规则
10105031	C30泵送混凝土(天沟、挑檐板)	m³	按设计图示尺寸以体积计算
10117058	现浇混凝土胶合板模板 天沟、挑檐	m²	按模板与挑檐的接触面积计算
10115159	雨篷(夹胶玻璃 简支式 点支式)	m²	按设计图示尺寸以面积计算

3)挑檐、雨篷的属性定义

(1)挑檐的属性定义

在导航树中选择"其他"→"挑檐",在"构件列表"中选择"新建"→"新建线式异形挑檐",新建1—1剖面飘窗板,根据图纸中的尺寸标注,在弹出的"异形截面编辑器"中,将飘窗板的截面绘制好,如图9.6所示。

图9.6

单击"确定"按钮，在"属性编辑框"中输入相应的属性值，如图9.7所示。

图9.7

在"截面编辑"中，完成钢筋信息的编辑，如图9.8所示。

（2）雨篷的属性定义

因为该工程的雨篷为成品雨篷，可灵活采用"自定义面"的方式计算雨篷的工程量。在导航树中选择"自定义"→"自定义面"，在"构件列表"中选择"新建"→"新建自定义面"，在"属性编辑框"中输入相应的属性值，如图9.9所示。

图 9.8

图 9.9

4)做法套用

①挑檐的做法套用与现浇板有所不同,主要有以下几个方面,如图9.10所示。

图 9.10

②雨篷的做法套用,如图9.11所示。

编码	类别	名称	项目特征	单位	工程量表达式	表达式说明	单价	综合单价	增施项目	专业	自动表
1 □ 010607003	项	成品雨篷	1.材料品种、规格 玻璃钢雨篷：面层是玻璃棉，底层为钢筋网架 2.雨篷宽度 3.85	m2					☐	建筑装饰工程	☐
2 10115159	定	雨篷（夹胶玻璃筒支式（点支式））		m2			1066.64		☐	土	☐

图9.11

5）挑檐、雨篷绘制

（1）直线绘制挑檐

首先根据图纸尺寸做好辅助轴线，单击"直线"命令，再用鼠标左键单击起点与终点即可绘制挑檐，如图9.12所示。

图9.12

或者采用"Shift+左键"的方式进行偏移绘制直线。

（2）直线绘制雨篷

首先根据图纸尺寸做好辅助轴线，或者用"Shift+左键"的方法绘制雨篷，如图9.13所示。

图9.13

四、任务结果

汇总计算，统计本层挑檐、雨篷的清单、定额工程量，见表9.6。

表9.6 挑檐、雨篷的清单、定额工程量

序号	编码	项目名称及特征	单位	工程量
1	010607003001	成品雨篷	m²	27.72
	10115159	雨篷（夹胶玻璃 简支式 点支式）	m²	27.72
2	010505007001	飘窗顶板、底板	m³	3.23
	10105031	飘窗顶板、底板 商品混凝土	m³	3.23

续表

序号	编码	项目名称及特征	单位	工程量
3	011702022001	飘窗顶板、底板模板	m²	53.84
	10117058	现浇混凝土模板 飘窗顶板、底板	m²	53.84

五、总结拓展

①挑檐既属于线性构件也属于面式构件，因此挑檐直线绘制的方法与线性构件一样。

②雨篷的形式不一样，所采用的计算方式也不一样。

问 题思考

(1)如果不使用辅助轴线,怎样才能快速绘制上述挑檐?

(2)如果采用现浇混凝土雨篷,该如何绘制雨篷?

9.3 台阶、散水、栏杆的工程量计算

通过本节的学习,你将能够:

(1)依据定额和清单分析首层台阶、散水、栏杆的工程量计算规则;

(2)定义台阶、散水、栏杆的属性;

(3)绘制台阶、散水、栏杆;

(4)统计首层台阶、散水、栏杆的工程量。

一、任务说明

①完成首层台阶、散水、栏杆的定义、做法套用及图元绘制。

②汇总计算,统计首层台阶、散水、栏杆的工程量。

二、任务分析

①首层台阶的尺寸能够从哪个图中的什么位置能够找到?都有些什么工作内容?如何套用清单定额?

②首层散水的尺寸能够从哪个图中的什么位置能够找到?都有些什么工作内容?如何套用清单定额?

③首层栏杆的尺寸能够从哪个图中的什么位置能够找到?都有些什么工作内容?如何套用清单定额?

三、任务实施

1)分析图纸

分析建施-04,可从平面图中得到台阶、散水、栏杆的信息,本层台阶、散水、栏杆的截面尺寸如下:

①台阶的踏步宽度为300 mm,踏步个数为3,顶标高为首层层底标高。

②散水的宽度为900 mm,沿建筑物周围布置。

③由平面图可知,阳台栏杆为0.9 m高的不锈钢栏杆。

分析建施-12,可以从散水做法详图和台阶做法详图中得到以下信息:

①台阶做法:a.20 mm厚花岗岩板铺面;b.素水泥面;c.30 mm厚1：4硬性水泥砂浆黏结层;d.素水泥浆一道;e.100 mm厚C15混凝土;f.300 mm厚3：7灰土垫层分两步夯实;g.素土夯实。

②散水做法:a.60 mm厚C15细石混凝土面层;b.150 mm厚3：7灰土宽出面层300 mm;c.素土夯实,向外坡4%。散水宽度为900 mm,沿建筑物周围布置。

2)清单、定额计算规则学习

(1)清单计算规则学习

台阶、散水清单计算规则,见表9.7。

表9.7 台阶、散水清单计算规则

编码	项目名称	单位	计算规则
010507004	台阶	m²/m³	(1)以m²计量,按设计图示尺寸水平投影面积计算 (2)以m³计量,按设计图示尺寸以体积计算
011702027	台阶模板	m²	按图示台阶水平投影面积计算,台阶端头两侧不另计算模板面积。架空式混凝土台阶,按现浇楼梯计算
010507001	散水、坡道	m²	按设计图示尺寸以水平投影面积计算
011702029	散水	m²	按模板与散水的接触面积计算
011503001	金属扶手、栏杆、栏板	m	按设计图示扶手中心线长度(包括弯头长度)以米计算

(2)定额计算规则学习

台阶、散水定额计算规则,见表9.8。

表9.8 台阶、散水定额计算规则

编码	项目名称	单位	计算规则
10111115	花岗岩台阶面层	m²	按设计图示尺寸面积计算
10105039	台阶混凝土	m³	按设计图示尺寸以体积计算
10104068	灰土垫层	m³	按设计图示尺寸以体积计算
10105001	混凝土垫层 混凝土	m³	按设计图示尺寸以体积计算
10117069	现浇混凝土模板 台阶	m²	按设计图示台阶的水平投影面积计算
10117035	现浇构件 混凝土模板 混凝土 垫层	m²	按模板与混凝土接触面积计算

续表

编码	项目名称	单位	计算规则
10105129	混凝土 散水 混凝土	m³	按设计图示尺寸以体积计算
10115115	成品栏杆、栏板(带扶手)安装(不锈钢管 栏杆 带扶手)	m	按设计图示尺寸以长度计算

3)台阶、散水、栏杆的属性定义

(1)台阶的属性定义

在导航树中选择"其他"→"台阶",在"构件列表"中选择"新建"→"新建台阶",新建室外台阶,根据建施-12中台阶的尺寸标注,在"属性编辑框"中输入相应的属性值,如图9.14所示。

(2)散水的属性定义

在导航树中选择"其他"→"散水",在"构件列表"中选择"新建"→"新建散水",新建散水,根据散水图纸中的尺寸标注,在"属性编辑框"中输入相应的属性值,如图9.15所示。

图9.14

图9.15

(3)栏杆的属性定义

在导航树中选择"其他"→"栏杆扶手",在"构件列表"中选择"新建"→"新建栏杆扶手",新建"900高不锈钢栏杆护窗扶手",根据建施-12中的尺寸标注,在"属性编辑框"中输入相应的属性值,如图9.16所示。

4)做法套用

①台阶做法套用,如图9.17所示。

图9.16

编码	类别	名称	项目特征	单位	工程量表达式	表达式说明	单价	综合单价	措施项目	专业	自动套
1	011107001	项	石材台阶面	1.20厚花岗岩板铺面，正、背面刷西 墨厚弹石勾缝（或建瓷砖）铺砖 2.撒素水泥面（洒适量清水） 3.30厚1:3干硬性水泥砂浆结合层 4.素水泥浆一道（内掺建筑胶）	m2	PTSZTTRJ	PTSZTTRJ<平台水平投影 面积>			□	建筑装饰 工程	□
2	10111115	定	石板材台阶（水泥砂浆结合层）		m2			158.40		□	土	□
3	010507004	项	台阶	1.100厚C15混凝土，台阶面向外坡1%	m3	TJ	TJ<体积>			□	建筑装饰 工程	□
4	10105039 H80213675 80213670	换	C20泵送混凝土（台阶）换为【预拌 泵送普通混凝土 泵送100m以下 C15（42.5）碎石25mm 坍落度 180~200mm】		m3			357.13		□	土	□
5	011702027	项	台阶模板		m2					☑	建筑装饰 工程	□
6	10117069	定	现浇混凝土胶合板模板 台阶		m2			28.2		☑	土	□
7	010404001	项	垫层	1.300厚3:7灰土垫层，分两步夯实 2.素土夯实	m3					□	建筑装饰 工程	□
8	10104068	定	灰土垫层		m3			228.49		□	土	□

图9.17

②散水做法套用，如图9.18所示。

编码	类别	名称	项目特征	单位	工程量表达式	表达式说明	单价
1	010507001	项	散水、坡道	1.60厚C15细石混凝土，1:1水泥砂浆 压实赶光	m2	MJ	MJ<面积>	
2	10105041 H80213675 80213670	换	C20泵送混凝土（散水、坡道）换为 【预拌泵送普通混凝土 泵送100m以 下 C15（42.5）碎石25mm 坍落度 160~200mm】		m2	MJ	MJ<面积>	36.75
3	010404001	项	垫层	1.150厚3:7灰土宽出面层300 2.素土夯实，向外坡4%	m3			
4	10104068	定	灰土垫层		m3			228.49

图9.18

③栏杆做法套用，如图9.19所示。

编码	类别	名称	项目特征	单位	工程量表达式	表达式说明	单价
1	011503001	项	金属扶手、栏杆、栏板	1.材质:玻璃栏杆 2.规格:900 高 3.D = 50mm 不锈钢扶手	m			
2	10115115	定	不锈钢管栏杆（带扶手）		m			446.26

图9.19

5)台阶、散水、栏杆画法讲解

(1)绘制台阶

台阶属于面式构件，因此可以直线绘制、三点画弧，也可以点绘制，这里用直线和三点画弧绘制法。首先做好辅助轴线，然后根据建施-04，选择"直线"和"三点画弧"命令，单击交点形成闭合区域即可绘制台阶轮廓，如图9.20所示。

图9.20

(2)智能布置散水

散水同样属于面式构件，因此可以直线绘制也可以点绘制，这里用智能布置法比较简单,选择"智能布置"→"外墙外边线",在弹出的对话框中输入"900",单击鼠标右键确定即可,如图9.21所示。

图9.21

（3）直线布置栏杆

栏杆同样属于线式构件,因此可以直线绘制。根据图纸位置和尺寸,绘制直线,单击鼠标右键确定即可,如图9.22所示。

图9.22

四、任务结果

汇总计算,统计本层台阶、散水、栏杆的清单、定额工程量,见表9.9。

表9.9　台阶、散水、栏杆的清单、定额工程量

编码	项目名称	单位	工程量
010507001001	散水、坡道 (1)60 mm厚C15细石混凝土面层，撒1:1水泥砂子压实赶光 (2)150 mm厚3:7灰土宽出面层300 mm (3)素土夯实，向外坡4%	m²	100.03
10105129	混凝土散水、坡道(细石混凝土墙角护坡12J003-1A、1B/A1灰土垫层)	m²	100.03
10104068	灰土垫层	m³	20.43
011702029001	散水(模板)	m²	8.22
10117035	散水(模板)	m²	8.22
010507004001	台阶 (1)20 mm厚花岗岩板铺面，正、背面及四周边满涂防污剂，稀水泥浆擦缝 (2)撒素水泥面(洒适量清水) (3)30 mm厚1:4硬性水泥砂浆黏结层 (4)素水泥浆一道(内掺建筑胶) (5)100 mm厚C15混凝土，台阶面向外坡1% (6)300 mm厚3:7灰土垫层分两步夯实 (7)素土夯实	m³	15.68
10111115	花岗岩台阶面层	m²	43.25
10105039	台阶混凝土	m³	15.68
10104068	灰土垫层	m³	11.81
011702020001	台阶(模板)	m²	6.67
10117069	台阶(模板)	m²	6.67
011503001001	金属扶梯、栏杆(护窗栏杆) (1)材质:不锈钢栏杆 (2)规格:900 mm高 (3)D=60 cm不锈钢扶手	m	83.56
10115115	成品栏杆、栏板(带扶手)安装(不锈钢管栏杆带扶手)	m	83.56
10115122	成品栏杆、栏板(带扶手)安装(成品不锈钢扶手拐弯安装90°)	个	32
040601016002	金属扶梯、栏杆(楼梯间栏杆) (1)材质:不锈钢栏杆 (2)规格:900 mm高 (3)木扶手	m	38.78
10115084	不锈钢栏杆(木扶手)	m	38.78
10115123	成品栏杆、栏板(带扶手)安装(成品木扶手拐弯安装180°)	个	5
10115122	成品栏杆、栏板(带扶手)安装(成品木扶手拐弯安装90°)	个	1

五、总结拓展

①台阶绘制后，还要根据实际图纸设置台阶起始边。

②台阶属性定义只给出台阶的顶标高。

③如果在封闭区域，台阶也可以使用点绘制。

④栏杆还可以采用智能布置的方式绘制。

问 题思考

（1）智能布置散水的前提条件是什么？

（2）表9.9中散水的工程量是最终工程量吗？

（3）散水与台阶相交时，软件会自动扣减吗？若扣减，谁的级别大？

（4）台阶、散水、栏杆在套用清单与定额时，与主体构件有哪些区别？

10 表格输入

通过本章的学习,你将能够:
(1)通过参数输入法计算钢筋工程量;
(2)通过直接输入法计算钢筋工程量。

10.1 参数输入法计算钢筋工程量

通过本节的学习,你将能够:
掌握参数输入法计算钢筋工程量的方法。

一、任务说明

表格输入中,通过"参数输入",完成所有层楼梯梯板的钢筋量计算。

二、任务分析

以首层楼梯为例,参考结施-13及建施-13,读取梯板的相关信息,如梯板厚度、钢筋信息及楼梯具体位置。

三、任务实施

参考3.7.2节楼梯梯板钢筋量的属性定义及绘制。

四、任务结果

查看报表预览中的构件汇总信息明细表,见表10.1。

表10.1 所有楼梯构件钢筋汇总表

汇总信息	汇总信息钢筋总质量(kg)	构件名称	构件数量	HRB400
AT1	264.636	AT1	4	76.774
		合计		307.096
AT2	264.636	AT2	3	79.298

汇总信息	汇总信息钢筋总质量(kg)	构件名称	构件数量	HRB400
AT2	264.636	合计		237.894
BT1	131.349	BT1	1	77.652
		合计		77.652

10.2　直接输入法计算钢筋工程量

通过本节的学习,你将能够:

掌握直接输入法计算钢筋工程量的方法。

一、任务说明

根据"顶板配筋结构图",电梯井右下角所在楼板处有阳角放射筋,本工程以该处的阳角放射筋为例,介绍表格直接输入法。

二、任务分析

表格输入中的直接输入法与参数输入法的新建构件操作方法一致。

三、任务实施

①如图10.1所示,切换到"工程量"选项卡,单击"表格输入"。

②在表格输入中,单击"构件"新建构件,修改名称为"阳角放射筋",输入构件数量,单击"确定"按钮,如图10.2所示。

图10.1

	属性名称	属性值
1	构件名称	阳角放射筋
2	构件类型	现浇板
3	构件数量	1
4	预制类型	现浇
5	汇总信息	现浇板
6	备注	
7	构件总质量(kg)	0

图10.2

③在直接输入的界面,"筋号"中输入"放射筋1",在"直径"中选择相应的直径(如16),选择"钢筋级别"。

④如图10.3所示,选择图号,根据放射筋的形式选择相应的钢筋形式,如选择"两个弯折",弯钩选择"90°弯折,不带弯钩",选择图号完毕后单击"确定"按钮。

图 10.3

⑤根据图集 16G101—1 第 112 页中"悬挑板阳角放射筋 Ces 构造"在直接输入的界面中输入"图形"钢筋尺寸，如图 10.4 所示。软件会自动给出计算公式和长度，用户可以在"根数"中输入这种钢筋的根数。

筋号	直径(mm)	级别	图号	图形	计算公式	公式描述	号四钢 筋	长度	根数
1 1	10	Φ	63	130 ⌐‾‾1300‾‾⌐	1300+2*130		46	1514	7
2									

图 10.4

采用同样的方法可以进行其他形状的钢筋输入，并计算钢筋工程量。

问 题思考

表格输入中的直接输入法适用哪些构件？

11 汇总计算工程量

通过本章的学习,你将能够:
(1)掌握查看三维的方法;
(2)掌握汇总计算的方法;
(3)掌握查看构件钢筋计算结果的方法;
(4)掌握云检查及云指标查看的方法;
(5)掌握报表结果查看的方法。

11.1 查看三维

通过本节的学习,你将能够:
正确查看工程的三维模型。

一、任务说明
①完成整体构件的绘制并使用三维查看构件。
②检查缺漏的构件。

二、任务分析
三维动态观察可在"显示设置"面板中选择楼层,若要检查整个楼层的构件,选择全部楼层即可。

三、任务实施
①对照图纸完成所有构件的输入之后,可查看整个建筑结构的三维视图。
②在"视图"菜单下选择"显示设置",如图11.1所示。
③在"显示设置"的"楼层显示"中,选择"全部楼层",如图11.2所示。在"图元显示"中设置"显示图元",如图11.3所示,可使用"动态观察"旋转角度。

图11.1

显示设置

图元显示	楼层显示

图层构件	显示图元	显示名称
─ 所有构件	☑	☐
─ 轴线	☑	☐
轴网	☑	☐
辅助轴线	☑	☐
─ 柱	☑	☐
柱	☑	☐
构造柱	☑	☐
砌体柱	☑	☐
─ 墙	☑	☐
剪力墙	☑	☐
人防门框墙	☑	☐
砌体墙	☑	☐
砌体加筋	☑	☐
保温墙	☑	☐
暗梁	☑	☐
墙垛	☑	☐
幕墙	☑	☐
─ 门窗洞	☑	☐
门	☑	☐
窗	☑	☐
门联窗	☑	☐
墙洞	☑	☐
带形窗	☑	☐
带形洞	☑	☐
飘窗	☑	☐

恢复默认设置

图元显示	楼层显示

○ 当前楼层　　○ 相邻楼层　　◉ 全部楼层

▲ ☑ 全部楼层
　　☑ 屋顶
　　☑ 第4层
　　☑ 第3层
　　☑ 第2层
　　☑ 首层
　　☑ 第-1层
　　☑ 基础层

图 11.2　　　　　　　　　　　　　　　　图 11.3

四、任务结果

查看整个结构，如图11.4所示。

图 11.4

11.2 汇总计算

通过本节的学习,你将能够:
正确进行汇总计算。

一、任务说明
本节的任务是汇总土建及钢筋工程量。

二、任务分析
钢筋计算结果查看的原则:对水平的构件(如梁),在某一层绘制完毕后,只要支座和钢筋信息输入完成,就可以汇总计算,查看计算结果。但是对于竖向构件(如柱),因为和上下层的柱存在搭接关系,和上下层的梁与板也存在节点之间的关系,所以需要在上下层相关联的构件都绘制完毕后,才能按照构件关系准确计算。

对于土建结果查看的原则:构件与构件之间有相互影响的,需要将有影响的构件都绘制完毕,才能按照构件关系准确计算,构件相对独立,不受其他构件的影响,只要把该构件绘制完毕,即可汇总计算。

三、任务实施
①需要计算工程量时,单击"工程量"选项卡上的"汇总计算",将弹出如图11.5所示的"汇总计算"对话框。

图11.5

全楼:可以选中当前工程中的所有楼层,在全选状态下再次单击,即可将所选的楼层全部取消选择。

土建计算：计算所选楼层及构件的土建工程量。

钢筋计算：计算所选楼层及构件的钢筋工程量。

表格输入：在表格输入前打钩，表示只汇总表格输入方式下的构件的工程量。

若土建计算、钢筋计算和表格输入前都打钩，则工程中所有的构件都将进行汇总计算。

②选择需要汇总计算的楼层，单击"确定"按钮，软件开始计算并汇总选中楼层构件的相应工程量，计算完毕，弹出如图11.6所示的对话框，根据所选范围的大小和构件数量的多少，需要不同的计算时间。

图11.6

11.3 **查看构件钢筋计算结果**

通过本节的学习，你将能够：

正确查看构件钢筋计算结果。

一、任务说明

本节任务是查看构件钢筋量。

二、任务分析

对于同类钢筋量的查看，可使用"查看钢筋量"功能，查看单个构件图元钢筋的计算公式，也可使用"编辑钢筋"的功能。在"查看报表"中还可查看所有楼层的钢筋量。

三、任务实施

汇总计算完毕后，可采用以下几种方式查看计算结果和汇总结果。

1）查看钢筋量

①使用"查看钢筋量"的功能，在"工程量"选项卡中选择"查看钢筋量"，然后选择需要查看钢筋量的图元。可单击选择一个或多个图元，也可拉框选择多个图元，此时将弹出如图

11.7所示的对话框,显示所选图元的钢筋计算结果。

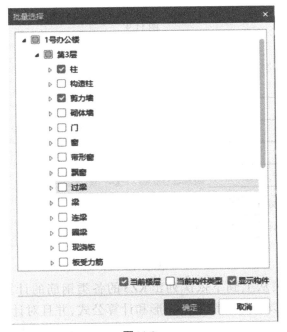

图11.7

②要查看不同类型构件的钢筋量时,可以使用"批量选择"功能。按"F3"键,或者在"工具"选项卡中选择"批量选择",选择相应的构件(如选择柱和剪力墙),如图11.8所示。

图11.8

选择"查看钢筋量",弹出"查看钢筋量"表。表中将列出所有柱和剪力墙的钢筋计算结果(按照级别和钢筋直径列出),同时列出合计钢筋量,如图11.9所示。

2)编辑钢筋

要查看单个图元钢筋计算的具体结果,可以使用"编辑钢筋"功能。下面以首层⑤轴与Ⓓ轴交点处的柱KZ3为例,介绍"编辑钢筋"查看的计算结果。

①在"工程量"选项卡中选择"编辑钢筋"。然后选择KZ3图元。绘图区下方将显示编辑钢筋列表,如图11.10所示。

图11.9

图11.10

②"编辑钢筋"列表从上到下依次列出 KZ3 的各类钢筋的计算结果,包括钢筋信息 (直径、级别、根数等),以及每根钢筋的图形和计算公式,并且对计算公式进行了描述,用户可以清楚地看到计算过程。例如,第一行列出的是 KZ3 的角筋,从中可以看到角筋的所有信息。

还可以在空白行进行钢筋的添加:输入"筋号"为"其他"。选择钢筋直径和型号,选择图号来确定钢筋的形状,然后在图形中输入长度、输入需要的根数和其他信息。软件计算的钢筋结果显示为淡绿色底色,手动输入的行显示为白色底色,便于区分。这样,不仅能够清楚地看到钢筋计算的结果,还可以对结果进行修改以满足不同的需求,如图 11.11 所示。

编辑钢筋

筋号	直径(mm)	级别	图号	图形	计算公式	公式描述	钢筋长度	长度	根数	搭接	损耗(%)	单重(kg)	总重(kg)	钢筋归类
2 B边纵筋.1	18	⏀	1	3600	3600-1130+max(2760/6,500……	层高……	(0)	3600	4	1	0	7.2	28.8	直筋	直螺纹连
3 B边筋.2	18	⏀	1	3600	3600-500+max(2760/6,500……	层高……	(0)	3600	1	1	0	7.2	14.4	直筋	直螺纹连
4 H边筋.1	18	⏀	1	3600	3600-1130+max(2760/6,500……	层高……	(0)	3600	4	1	0	7.2	28.8	直筋	直螺纹连
5 H边筋.2	18	⏀	1	3600	3600-500+max(2760/6,500……	层高……	(0)	3600	1	1	0	7.2	14.4	直筋	直螺纹连
6 箍筋.1	8	⏀	195	450 / 450	2*(450+450)+2*(13.57*4)		55	1962	27	0	0	0.775	20.925	箍筋	绑扎
7 箍筋.2	8	⏀	195	244 / 450	2*(450+244)+2*(13.57*4)		55	1550	54	0	0	0.612	33.048	箍筋	绑扎
8 拉筋	20	⏀	1	L			(0)	0	0	0	0	0	0	直筋	直螺纹连

单构件钢筋总质量（kg）：183.285

图11.11

【注意】

用户需要对修改后的结果进行锁定,可使用"建模"选项卡下"通用操作"中的"锁定"和"解锁"功能对构件进行锁定和解锁,如图11.12所示。如果修改后不进行锁定,那么进行重新汇总计算时,软件会按照属性中的钢筋信息重新计算,手动输入的部分将被覆盖。

图11.12

其他种类构件的计算结果显示与此类似,都是按照同样的项目进行排列的,列出每种钢筋的计算结果。

3)钢筋三维

在汇总计算完成后,还可利用"钢筋三维"功能来查看构件的钢筋三维排布。钢筋三维可显示构件钢筋的计算结果,按照钢筋实际的长度和形状在构件中排列和显示,并标注各段的计算长度,供直观查看计算结果和钢筋对量。钢筋三维能够直观真实地反映当前所选择图元的内部钢筋骨架,清楚显示钢筋骨架中每根钢筋与编辑钢筋中的每根钢筋的对应关系,且"钢筋三维"中的数值可修改。钢筋三维和钢筋计算结果还保持对应,相互保持联动,数值修改后,可以实时看到自己修改后的钢筋三维效果。

当前GTJ软件中已实现钢筋三维显示的构件包括柱、暗柱、端柱、剪力墙、梁、板受力筋、板负筋、螺旋板、柱帽、楼层板带、集水坑、柱墩、筏板主筋、筏板负筋、独基、条基、桩承台、基础板带共18种21类构件。

钢筋三维显示状态应注意以下几点:

①查看当前构件的三维效果:直接用鼠标单击当前构件即可看到钢筋三维显示效果。同时配合绘图区右侧的动态观察等功能,全方位查看当前构件的三维显示效果,如图11.13所示。

图11.13

②钢筋三维和编辑钢筋对应显示。

a.选中三维的某根钢筋线时，在该钢筋线上显示各段的尺寸，同时在"编辑钢筋"的表格中对应的行亮显。如果数字为白色字体则表示此数字可供修改，否则，将不能修改。

b.在"编辑钢筋"的表格中选中某行时，则钢筋三维中所对应的钢筋线对应亮显，如图11.14所示。

③可以同时查看多个图元的钢筋三维。选择多个图元,然后选择"钢筋三维"命令,即可同时显示多个图元的钢筋三维。

④在执行"钢筋三维"时,软件会根据不同类型的图元,显示一个浮动的"钢筋显示控制面板",如图11.14所示梁的钢筋三维,左上角的白框即为"钢筋显示控制面板"。用于设置当前类型的图元中隐藏、显示的哪些钢筋类型。勾选不同项时,绘图区会及时更新显示,其中的"显示其他图元"可以设置是否显示本层其他类型构件的图元。

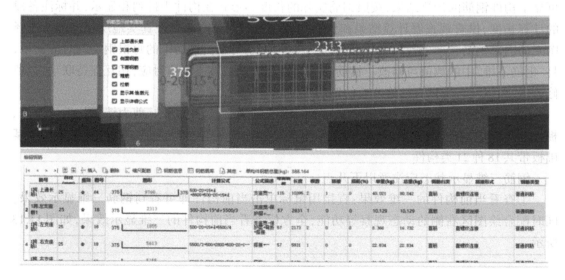

图11.14

11.4 查看土建计算结果

通过本节的学习,你将能够:
正确查看土建计算结果。

一、任务说明
本节任务是查看构件土建量。

二、任务分析
查看构件土建工程量,可使用"工程量"选项卡下的"查看工程量"功能,查看构件土建工程量的计算式,也可使用"查看计算式"的功能查看。在"查看报表"中还可查看所有构件的土建量。

三、任务实施
汇总计算完毕后,用户可采用以下几种方式查看计算结果和汇总结果。

1)查看工程量

在"工程量"选项卡中选择"查看钢筋量",然后选择需要查看工程量的图元。可以单击选择一个或多个图元,也可以拉框选择多个图元,此时将弹出如图11.15所示的对话框,显示所选图元的工程量结果。

图 11.15

2)查看计算式

使用"查看计算式"的功能,在"工程量"选项卡中选择"查看计算式",然后选择需要查看土建工程量的图元,可以单击选择一个或多个图元,也可以拉框选择多个图元,此时将弹出如图11.16所示的对话框,显示所选图元的钢筋计算结果。

图11.16

11.5　云检查

通过本节的学习,你将能够:
灵活运用云检查功能。

一、任务说明

当完成了CAD识别或模型定义与绘制工作后,即将进入工程量汇总工作,为了保证算量结果的正确性,可以对所做的工程进行云检查。

二、任务分析

本节任务是对所做的工程进行检查,从而发现工程中存在的问题,方便进行修正。

三、任务实施

当模型定义及绘制完毕后,用户可采用"云检查"功能进行整楼检查、当前楼层检查、自定义检查,得到检查结果后,可以对检查进行查看处理。

1)云模型检查

(1)整楼检查

整楼检查是为了保证整楼算量结果的正确性,对整个楼层进行的检查。单击"云应用"选项卡下的"云检查"功能,在弹出的窗体中,单击"整楼检查",如图11.17所示。

图11.17

进入检查后,软件自动根据内置的检查规则进行检查,也可自行设置检查规则,还可根据工程的具体情况,进行检查具体数据的设置,以便于更合理地检查工程错误。单击"规则设置",根据工程情况作相应的参数调整,如图11.18所示。

图11.18

设置后,单击"确定"按钮,再次执行云检查时,软件将按照设置的规则参数进行检查。

（2）当前楼检查

工程的单个楼层完成了CAD识别或模型绘制工作，为了保证算量结果的正确性，希望对当前楼层进行检查，发现当前楼层中存在的错误，方便及时修正。在云模型检查界面，单击"当前层检查"即可。

（3）自定义检查

当工程CAD识别或模型绘制完成后，认为工程部分模型信息，如基础层、四层的建模模型可能存在问题，希望有针对性地进行检查，便于在最短的时间内关注最核心的问题，从而节省时间。在云模型检查界面，单击"自定义检查"，选择检查的楼层及检查的范围。

2）查看处理的检查结果

"整楼检查/当前层检查/自定义检查"之后，在"云检查结果"界面，可以看到结果列表，如图11.19所示。

在结果窗体中，软件根据当前检查问题的情况进行了分类，包含确定错误、疑似错误、提醒等。用户可根据当前问题的重要等级分别关注。

（1）忽略

在"结果列表"中逐一排查工程问题，经排查，某些问题不算作错误，可以忽略，则执行"忽略"操作 ，当前忽略的问题，将在"忽略列表"中展示出来，如图11.20所示。假如没有，则忽略列表错误为空。

图11.19　　　　　　　　　　　　　　图11.20

（2）定位

对检查结果逐一进行排查时，希望能定位到当前存在问题的图元或详细的错误位置。此时，可以使用"定位"功能。

在云检查窗体中，错误问题支持双击定位，同时可以单击"定位"按钮进行定位，功能位置如图11.21所示。

单击"定位"后，软件自动定位到图元的错误位置，且会给出气泡提示，如图11.22所示。

接下来，可以进一步进行定位，查找问题，进行错误问题修复。

图 11.21

图 11.22

（3）修复

在"检查结果"中逐一排查问题时，发现工程的错误问题，需要进行修改，软件内置了一些修复规则，支持快速修复。此时，可单击"修复"按钮进行问题修复，如图 11.23 所示。

修复后的问题在"修复列表"中呈现，可在"修复列表"中再次关注已修复的问题。

图 11.23

11.6 云指标

通过本节的学习，你将能够：
正确运用云指标。

一、任务说明

当工程完成汇总计算后，为了确定工程量的合理性，可以查看"云指标"，对比类似工程指标进行判断。

二、任务分析

本节任务是对所做工程进行云指标的查看对比，从而判断该工程工程量计算结果是否合理。

三、任务实施

当工程汇总完毕后，用户可以采用"云指标"功能进行工程指标的查看及对比。包含汇总表及钢筋、混凝土、模板、装修等不同维度的8张指标表，分别是工程指标汇总表、钢筋-部位楼层指标表、钢筋-构件类型楼层指标表、混凝土-部位楼层指标表、混凝土-构件类型楼层指标表、模板-部位楼层指标表、模板-构件类型楼层指标表、装修-装修指标表、砌体-砌体指标表。

1）云指标的查看

云指标可以通过"工程量"→"云指标"进行查看，也可以通过"云应用"→"云指标"进行查看，如图11.24所示。

图11.24

【注意】

在查看云指标之前,可以对"工程量汇总规则"进行设置,也可以从"工程量汇总规则"表中查看数据的汇总归属设置情况。

(1)工程指标汇总表

工程量计算完成后,希望查看整个建设工程的钢筋、混凝土、模板、装修等指标数据,从而判断该工程的工程量计算结果是否合理。此时,可单击"汇总表"分类下的"工程指汇总表",查看"1 m²单位建筑面积指标"数据,帮助判断工程量的合理性,如图11.25所示。

图11.25

(2)部位楼层指标表

工程量计算完成后,在查看建筑工程总体指标数据时,发现钢筋、混凝土、模板等指标数据不合理,希望能深入查看地上、地下部分各个楼层的钢筋、混凝土等指标值。此时,可以查看"钢筋/混凝土/模板"分类下的"部位楼层指标表",进行指标数据分析。

单击"钢筋"分类下的"部位楼层指标表",查看"单位建筑面积指标(kg/m²)"值,如图11.26所示。

图11.26

混凝土、模板查看部位楼层指标数据的方式与钢筋类似,分别位于"混凝土""模板"分类下,表名称相同,均为"部位楼层指标表"。

（3）构件类型楼层指标表

工程量计算完成后,查看建设工程总体指标数据后,发现钢筋、混凝土、模板等指标数据中有些不合理,希望能进一步定位到具体不合理的构件类型,如具体确定柱、梁、墙等的哪个构件的指标数据不合理,具体在哪个楼层出现了不合理。

此时可以查看"钢筋/混凝土/模板"下的"构件类型楼层指标表",从该表数据中,可依次查看"单方建筑面积指标（kg/m²）",从而进行详细分析。

单击"钢筋/混凝土/模板"分类下的"构件类型楼层指标表",查看详细数据,如图11.27所示。

图11.27

混凝土、模板查看不同构件类型楼层指标数据的方式与钢筋相同,分别单击"混凝土""模板"分类下对应的"构件类型楼层指标表"即可。

（4）单方混凝土标号指标

在查看工程指标数据时,希望能区分不同的混凝土标号进行对比,由于不同的混凝土标号价格不同,需要区分指标数据分别进行关注。此时可查看"混凝土"分组的"单方混凝土标号指标表"数据。

单击"选择云端模板",选中"混凝土"分类下的"单方混凝土标号指标表",单击"确定并刷新数据",如图11.28所示。

图11.28

云指标页面的对应表数据,如图11.29所示。

图11.29

(5)装修指标表

在查看"工程指标汇总表"中的装修数据后,发现有些装修量有问题,希望能进一步分析装修指标数据,定位问题出现的具体构件及楼层。此时可查看"装修指标表"的"单位建筑面积指标(m²/m²)"数据。

单击"装修"分类下的"装修指标表"，如图11.30所示。

图11.30

(6)砌体指标表

工程量计算完成后，查看完工程总体指标数据，发现砌体指标数据不合理，希望能深入查看内外墙各个楼层的砌体指标值。此时可查看"砌体指标表"中"单位建筑面积指标(m³/m²)"数据。

单击"砌体"分类下的"砌体指标表"，如图11.31所示。

图11.31

2)导入指标进行对比

在查看工程的指标数据时,不能直观地核对出指标数据是否合理,为了更快捷地核对指标数据,需要导入指标数据进行对比,直接查看对比结果。

在"云指标"窗体中,单击"导入指标",如图11.32所示。

图 11.32

在弹出的"选择模板"对话框中,选择要对比的模板,如图11.33所示。

图 11.33

设置模板中的指标对比值,如图11.34所示。

图 11.34

单击"确定"按钮后，可看到当前工程指标的对比结果，如图 11.35 所示。

图 11.35

11.7 报表结果查看

通过本节的学习,你将能够:
正确查看报表结果。

一、任务说明
本节任务是查看工程报表。

二、任务分析
在"查看报表"中还可查看所有楼层的钢筋量及所有楼层构件的土建工程量。

三、任务实施
汇总计算完毕后,用户可以采用"查看报表"的方式查看钢筋汇总结果和土建汇总结果。

1)查看钢筋报表

汇总计算整个工程楼层的计算结果之后,还需查看构件钢筋的汇总量时,可通过"查看报表"功能来实现。

①单击"工程量"选项卡中的"查看报表",切换到报表界面,如图11.36所示。

图11.36

②单击"设置报表范围",弹出如图11.37所示的界面进入设置报表范围。

图11.37

2)查看报表

汇总计算整个工程楼层的计算结果之后,还需要查看构件土建的汇总量时,可通过"查看报表"功能来实现。单击"工程量"选项卡中的"查看报表",选择"土建报表量"即可查看土建工程量。

四、任务结果

所有层构件的钢筋工程量见表11.1。

表11.1 钢筋统计汇总表（包含措施筋）

工程名称:1号办公楼　　　　　　　　　　　　　　　　　　编制日期:××××-××-××　　单位:t

构件类型	合计(t)	级别	6	8	10	12	14	16	18	20	22	25
柱	34.887	⊕		10.137	0.123			2.077	8.991	4.805	3.05	5.704
暗柱/端柱	4.919	⊕		0.411	1.866	0.213				2.429		
构造柱	0.344	φ	0.344									
	1.388	⊕				1.388						
剪力墙	10.1	φ					10.1					
	22.609	⊕	0.684	0.054	0.412	8.899	12.56					
砌体墙	1.802	φ	1.802									
砌体加筋	1.793	φ	1.793									
暗梁	2.831	⊕			0.517					2.314		
飘窗	0.980	⊕		0.17	0.81							
过梁	0.467	φ	0.246		0.221							
	0.708	⊕				0.491	0.131	0.02		0.066		

续表

构件类型	合计(t)	级别	6	8	10	12	14	16	18	20	22	25
梁	0.363	Φ	0.363									
	59.521	Φ		0.204	8.92	2.193	0.166	0.456		1.254	4.083	42.245
连梁	0.008	Φ	0.008									
	0.593	Φ			0.106	0.138				0.051	0.298	
圈梁	0.523	Φ	0.523									
	1.459	Φ				1.459						
现浇板	2.850	Φ		2.85								
	35.027	Φ		1.111	23.855	10.061						
板洞加筋	0.008	Φ				0.008						
筏板基础	18.075	Φ		0.21		17.865						
独立基础	4.868	Φ				1.861	3.007					
栏板	0.017	Φ	0.017									
	1.234	Φ		1.234								
其他	0.623	Φ		0.13	0.103	0.39						
合计(t)	18267	Φ	5.096	2.85	0.221		10.1					
	189.730	Φ	0.684	13.661	36.712	44.966	15.864	2.553	8.991	10.919	7.431	47.949

所有层构件的土建工程量见计价部分。

五、总结拓展

在查看报表部分,软件还提供了报表反查、报表分析、土建报表项目特征添加位置、显示费用项、分部整理等特有功能,具体介绍请参照软件内置的"文字帮助"。

12 CAD识别做工程

通过本章的学习,你将能够:
(1)了解CAD识别的基本原理;
(2)了解CAD识别的构件范围;
(3)了解CAD识别的基本流程;
(4)掌握CAD识别的具体操作方法。

12.1 CAD识别的原理

通过本节的学习,你将能够:
了解CAD识别的基本原理。

　　CAD识别是软件根据建筑工程制图规则,快速从AutoCAD的结果中拾取构件和图元,快速完成工程建模的方法。同使用手工画图的方法一样,需要先识别构件,然后再根据图纸上构件边线与标注的关系,建立构件与图元的联系。

　　GTJ2018软件提供了CAD识别功能,可以识别CAD图纸文件(.dwg),支持AutoCAD 2015/2013/2011/2010/2008/2007/2006/2005/2004/2000及AutoCADR14版生成的图形格式文件。

　　CAD识别是绘图建模的补充。CAD识别的效率,一方面取决于图纸的完整程度和标准化程度,如各类构件是否严格按照图层进行区分,各类尺寸或配筋信息是否按照图层进行区分,标准方式是否按照制图标准进行;另一方面取决于对广联达BIM土建计量软件的熟练程度。

12.2 CAD识别的构件范围及流程

通过本节的学习,你将能够:
了解CAD识别的构件范围及流程。

1)GTJ2018软件CAD能够识别的构件范围

①表格类：楼层表、柱表、门窗表、装修表、独基表。

②构件类：轴网，柱、柱大样，梁，墙、门窗、墙洞，板钢筋（受力筋、跨板受力筋、负筋），独立基础，承台，桩，基础梁。

2)CAD识别做工程的流程

CAD识别做工程主要通过新建工程→图纸管理→符号转换→识别构件→构件校核的方式，将CAD图纸中的线条及文字标注转化成广联达BIM土建计量平台中的基本构件图元（如轴网、梁、柱等），从而快速地完成构件的建模操作，提高整体绘图效率。

CAD识别的大体方法如下：

①首先需要新建工程，导入图纸，识别楼层表并进行相应的设置。

②与手动绘制相同，需要先识别轴网，再识别其他构件。

③识别构件按照绘图类似的顺序，先识别竖向构件，再识别水平构件。

在进行实际工程的CAD识别时，软件的基本操作流程如图12.1所示。

图12.1

软件的识别流程：添加图纸→分割图纸→提取构件→识别构件；

识别顺序：楼层→轴网→柱 → 墙→ 梁→板钢筋→基础。

识别过程与绘制构件类似，先首层再其他层，识别完一层的构件后，通过同样的方法识别其他楼层的构件，或者复制构件到其他楼层，最后汇总计算。

通过以上流程，即可完成CAD识别做工程的过程。

3)图纸管理

软件还提供了完善的图纸管理功能，能够将原电子图进行有效管理，并随工程统一保存，提高做工程的效率。图纸管理在使用时，其流程如图12.2所示。

图12.2

4)图层管理

针对添加的图纸,可以在图层管理中设置"已提取的CAD图层"和"CAD原始图层"的显示和隐藏。

12.3 CAD识别实际案例工程

通过本节的学习,你将能够:
掌握CAD识别的具体操作方法。

本节主要讲解通过CAD识别,完成案例工程中构件的属性定义、绘制及钢筋信息的录入操作。

12.3.1 建工程、识别楼层

通过本小节的学习,你将能够:
进行楼层的CAD识别。

一、任务说明

使用CAD识别中"识别楼层表"的功能,完成楼层的建立。

二、任务分析

需提前确定好楼层表所在的图纸。

三、任务实施

①建立工程后,单击"图纸管理"面板,选择"添加图纸",在弹出的"添加图纸"对话框中选择有楼层表的图纸,如"1号办公楼结构图",如图12.3所示。

②当导入的CAD图纸文件中有多个图纸时,需要通过"分割"功能将所需的图纸分割出来,如现将"一三层顶梁配筋图"分割出来。

图12.3

单击"图纸管理"面板下的"分割"→"手动分割",鼠标左键拉框选择"一三层顶梁配筋图",单击鼠标右键确定,弹出"手动分割"对话框,如图12.4所示。

图12.4

【注意】

除了手动分割外,还可以采用自动分割,自动分割能够快速完成图纸分割,操作步骤如下:单击"图纸管理"→"分割"下拉选择"自动分割",如图12.5所示。

图12.5

图12.6

软件会自动根据CAD图纸的图名定义图纸名称，也可手动输入图纸名称，单击"确定"按钮即可完成图纸分割。"图纸管理"面板下便会有"一三层顶梁配筋图"，如图12.6所示。

双击"图纸管理"面板中的"一三层顶梁配筋图"，绘图界面就会进入"一三层顶梁配筋图"，如图12.7所示。

图12.7

③单击"7识别楼层表"功能，如图12.8所示。

④用鼠标框选图纸中的楼层表，单击鼠标右键确定，弹出"识别楼层表"对话框，如图12.9所示。

如果识别的楼层信息有误，可以在"识别楼层表"对话框中进行修改，可以对应识别信息，选择抬头属性，可以删除多余的行或列，或通过插入，增加行和列等。

图12.8

⑤确定楼层信息无误后，单击"确定"按钮，弹出"楼层表识别完成"对话框，这样就可以通过CAD识别将楼层表导入软件中。

楼层设置的其他操作，与前面介绍的"新建楼层"相同。

图12.9

四、任务结果

导入楼层表后,其结果可参考2.3节的任务结果。

12.3.2　CAD识别选项

通过本小节的学习,你将能够:
进行CAD识别选项的设置。

一、任务说明

在"CAD识别选项"中完成柱、墙、门窗洞、梁和板钢筋的设置。

图12.10

二、任务分析

在识别构件前,先进行"CAD识别选项"的设置。单击"建模"选项卡,选择"CAD操作"面板中的"CAD识别选项",如图12.10所示,会弹出如图12.11所示对话框。

图12.11

三、任务实施

在"CAD识别选项"对话框中,可以设置识别过程中的各个构件属性,每一列属性所表示的含义都在对话框左下角进行描述。

"CAD识别选项"设置的正确与否关系后期识别构件的准确率，需要准确进行设置。

12.3.3　识别轴网

通过本小节的学习，你将能够：
进行轴网的CAD识别。

一、任务说明

①完成图纸添加及图纸整理。
②完成轴网的识别。

二、任务分析

首先分析哪张图纸的轴网是最完整的，一般按照首层建筑图设置轴网。

三、任务实施

完成图纸分割后，双击进入"首层平面图"，进行CAD轴线识别。

1）选择导航栏构件

将目标构件定位至"轴网"，如图12.12所示。

图12.12

2）提取轴线

①单击"建模"选项卡→"识别轴网"→"提取轴线"，如图12.13所示。

图12.13

②利用"单图元选择""按图层选择"及"按颜色选择"的功能点选或框选需要提取的轴线CAD图元,如图12.14所示。

○ 单图元选择(Ctrl+或Alt+)　● 按图层选择(Ctrl+)　○ 按颜色选择(Alt+)

图12.14

"Ctrl+左键"代表按图层选择,"Alt+左键"代表按颜色选择。需要注意的是,不管在框中设置何种选择方式,都可以通过键盘来操作,优先实现选择同图层或同颜色的图元。

通过"按图层选择"选择所有轴线,被选中的轴线全部变成深蓝色。

③单击鼠标右键确认选择,则选择的CAD图元将自动消失,并存放在"已提取的CAD图层"中,如图12.15所示。这样就完成了轴网的提取工作。

图12.15

3)提取标注

①单击"提取标注",利用"单图元选择""按图层选择"及"按颜色选择"的功能点选或框选需要提取的轴网标注CAD图元,如图12.16所示。

图12.16

②单击鼠标右键确认选择,则选择的CAD图元自动消失,并存放在"已提取的CAD图层"。其方法与提取轴线相同。

4)识别轴网

提取轴线及标注后,进行识别轴网的操作。识别轴网有3种方法可供选择,如图12.17所示。

图12.17

自动识别轴网：用于自动识别CAD图中的轴线。

选择识别轴网：通过手动选择来识别CAD图中的轴线。

识别辅助轴线：用于手动识别CAD图中的辅助轴线。

本工程采用自动识别轴网，快速地识别出CAD图中的轴网，如图12.18所示。

图12.18

识别轴网成功后，同样可利用"轴线"部分的功能对轴网进行编辑和完善。

四、总结拓展

导入CAD之后，如果图纸比例与实际不符，则需要重新设置比例，在CAD操作面板中单击设置比例，如图12.19所示。

根据提示，利用鼠标选择两点，软件会自动量取两点距离，并弹出如图12.20所示设置比例对话框。

图12.19

图12.20

如果量取的距离与实际不符，可在对话框中输入两点间实际尺寸，单击"确定"按钮，软件即可自动调整比例。

12.3.4　识别柱

通过本小节的学习，你将能够：

进行柱的CAD识别。

一、任务说明

用CAD识别的方式完成框架柱的属性定义和绘制。

二、任务分析

通过"CAD识别柱"完成柱的属性定义的方法有两种:识别柱表生成柱构件和识别柱大样生成柱构件。生成柱构件后,通过"建模"选项卡中的"识别柱"功能:提取边线→提取标注→识别,完成柱的绘制。需要用到的图纸是"柱墙结构平面图"。

三、任务实施

分割完图纸后,双击进入"柱墙结构平面图",进行以下操作。

【注意】

当分割的"柱墙结构平面图"位置与前面所识别的轴网位置有出入时,可采用"定位"功能,将图纸定位到轴网正确的位置。单击"定位",选择图纸某一点,比如①轴与④轴的交点,将其拖动到前面所识别轴网的①轴与④轴交点处。

1)选择导航栏构件

将目标构件定位至"柱",如图12.21所示。

图12.21

2)识别柱表生成柱构件

①单击"建模"选项卡→"识别柱表",软件可以识别普通柱表和广东柱表,遇到有广东柱表的工程,即可采用"识别广东柱表"。本工程为普通柱表,则选择"识别柱表"功能,拉框选择柱表中的数据,如图黄色线框为框选的柱表范围,按鼠标右键确认选择,如图12.22所示。

图12.22

②弹出"识别柱表"对话框,使用对话框上方的"查找替换""删除行"等功能对柱表信息进行调整和修改。如表格中存在不符合的数据,单元格会以"红色"显示,便于查找和修改。调整后,如图12.23所示。

识别柱表

撤销　恢复　查找替换　删除行　删除列　插入行　插入列　复制行

柱号	标高	b*h(...	角筋	b边—...	h边—...	肢数	箍筋
KZ1	基础顶~3....	500*500	4C22	3C18	3C18	1(4*4)	C8@100
	3.850~14....	500*500	4C22	3C16	3C16	1(4*4)	C8@100
KZ2	基础顶~3....	500*500	4C22	3C18	3C18	1(4*4)	C8@100/...
	3.850~14....	500*500	4C22	3C16	3C16	1(4*4)	C8@100/...
KZ3	基础顶~3....	500*500	4C25	3C18	3C18	1(4*4)	C8@100/...
	3.850~14....	500*500	4C22	3C18	3C18	1(4*4)	C8@100/...
KZ4	基础顶~3....	500*500	4C25	3C20	3C20	1(4*4)	C8@100/...
	3.850~14....	500*500	4C25	3C18	3C18	1(4*4)	C8@100/...
KZ5	基础顶~3....	600*500	4C25	4C20	3C20	1(5*4)	C8@100/...
	3.850~14....	600*500	4C25	4C18	3C18	1(5*4)	C8@100/...
KZ6	基础顶~3....	500*600	4C25	3C20	4C20	1(4*5)	C8@100/...
	3.850~14....	500*600	4C25	3C18	4C18	1(4*5)	C8@100/...

提示：请在第一行的空白行中单击鼠标从下拉框中选择对应列关系

识别　　取消

图12.23

③确认信息准确无误后单击"识别"按钮即可，软件会根据对话框中调整和修改的柱表信息生成柱构件，如图12.24所示。

图12.24

3）识别柱

通过识别柱表定义柱属性后，可以通过柱的绘制功能，参照CAD图将柱绘制到图上，也可使用"CAD识别"提供的快速"识别柱"功能。

单击"建模"选项卡→"识别柱"，如图12.25所示。

图12.25

单击"提取边线"，如图12.26所示。

图 12.26

通过"按图层选择"选择所有框架柱边线,被选中的边线变成深蓝色。

单击鼠标右键确认选择,则选择的 CAD 图元将自动消失,并存放在"已提取的 CAD 图层"中,如图 12.27 所示。这样就完成了柱边线的提取工作,如图 12.28 所示。

图 12.27

图 12.28

①单击"提取标注"，采用同样的方法选择所有柱的标志（包括标注及引线），单击鼠标右键确定，即可完成柱标志的提取工作，如图12.29所示。

识别柱构件的操作有以下4种识别方式，如图12.30所示。

图12.29   图12.30

a.自动识别。软件将根据所识别的柱表、提取的边线和标注来自动识别整层柱，本工程采用自动识别。单击自动识别，识别完成后，弹出识别柱构件的个数提示。单击"确定"按钮，即可完成柱构件的识别，如图12.31所示。

图12.31

b.框选识别。当你需要识别某一区域的柱时，可使用此功能，根据鼠标框选的范围，软件会自动识别框选范围内的柱。

c.点选识别。点选识别即通过鼠标点选的方式逐一识别柱构件。单击"识别柱"→"点选识别"，单击需要识别的柱标志CAD图元，则"识别柱"对话框会自动识别柱标志信息，如图12.32所示。

d.按名称识别。比如图纸中有多个KZ6，通常只会对一个柱进行详细标注（截面尺寸、钢筋信息等），而其他柱只标注柱名称，此时就可以使用"按名称识别柱"进行柱识别操作。

②单击"确定"按钮，在图形中选择符合该柱标志的柱边线和柱标注，再单击鼠标右键确认选择，此时所选柱边线和柱标注被识别为柱构件，如图12.33所示。

图12.32   图12.33

③单击绘图工具栏"识别柱"→"点选识别"→"按名称识别"，然后单击需要识别的柱标志CAD图元，则"识别柱"对话框会自动识别柱标志信息，如图12.34所示。

图12.34

单击"确定"按钮,此时满足所选标志的所有柱边线会被自动识别为柱构件,并弹出识别成功的提示,如图12.35所示。

图12.35

四、任务结果

任务结果参考3.1节的任务结果。

五、总结拓展

1)利用"CAD识别"来识别柱构件

首先需要"添加图纸",通过"识别柱表"或"识别柱大样"先进行柱的定义,再利用"识别柱"的功能生成构件。其流程如下:添加图纸→识别柱表(柱大样)→识别柱。

通过以上流程,即可完成柱构件的识别。

2)识别柱大样生成构件

如果图纸中柱或暗柱采用柱大样的形式来作标记,则可单击"建模"选项卡→"识别柱"→"识别柱大样"的功能,如图12.36所示。

图12.36

①提取柱大样边线及标志。参照前面的方法,单击"提取边线"和"提取标注"功能完成柱大样边线、标志的提取。

②提取钢筋线。单击"提取钢筋线"提取所有柱大样的钢筋线,单击鼠标右键确定,如图

12.37所示。

③识别柱大样。提取完成后，单击"点选识别"，有3种识别方式，如图12.38所示。

图12.37

图12.38

点选识别：通过鼠标选择来识别柱大样。

自动识别：即软件自动识别柱大样。

框选识别：通过框选需要识别的柱大样来识别。

如果单击"点选识别"，状态栏提示点取柱大样的边线，则用鼠标选择柱大样的一根边线，然后软件提示"请点取柱的标注或直接输入柱的属性"，则点取对应的柱大样的名称，弹出如图12.39所示"点选识别柱大样"对话框。

图12.39

在此对话框中，可以利用"CAD底图读取"功能，在CAD图中读取柱的信息，对柱的信息进行修改。在"全部纵筋"一行，软件支持"读取"和"追加"两种操作。

读取：从CAD中读取钢筋信息，对栏中的钢筋信息进行替换。

追加：如遇到纵筋信息分开标注的情况，可通过"追加"将多处标注的钢筋信息进行追加求和处理。

操作完成后，软件通过识别柱大样信息定义柱属性。

④识别柱。在识别柱大样完成之后，软件定义了柱属性，最后还需通过前面介绍的"提取边线""提取标注"和"自动识别"功能来生成柱构件，这里不再赘述。

3)墙柱共用边线的处理方法

某些剪力墙图纸中，墙线和柱线共用，柱没有封闭的图线，导致直接识别柱时选取不到封闭区域，识别柱不成功。在这种情况下，软件提供两种解决方法。

①使用"框选识别"。使用"提取边线""提取标注"功能完成柱信息的提取(将墙线提取到柱边线),使用提取柱边线拉框(反选),如图12.40所示区域,即可完成识别柱。

②使用"生成柱边线"功能进行处理。提取墙边线后,进入"识别柱"界面,单击"生成柱边线",按照状态栏提示,在柱内部左键点取一点,或是通过"自动生成柱边线"让软件自动搜索,生成封闭的柱边线,如图12.41所示。利用此功能生成柱的边线后,再利用"自动识别"功能识别柱,即可解决墙、柱共用边线的情况。

图12.40   图12.41

4)图层管理

在识别构件菜单下,通过"视图"选项卡→"用户面板"→"图层管理"进行图层控制的相关操作,如图12.42所示。

①在提取过程中,如果需要对CAD图层进行管理,单击"图层管理"功能。通过此对话框,即可控制"已提取的CAD图层"和"CAD原始图层"的显示和隐藏,如图12.43所示。

图12.42   图12.43

②显示指定的图层,可利用此功能将其他图层的图元隐藏。

③隐藏指定的图层,将选中的CAD图元所在的图层进行隐藏,其他图层显示。

12.3.5 识别梁

通过本小节的学习,你将能够:

进行梁的CAD识别。

一、任务说明

用CAD识别的方式完成梁的属性定义和绘制。

二、任务分析

在梁的支座柱、剪力墙等识别完成后,进行梁的识别操作。需要用到的图纸是"一三层顶梁配筋图"。

三、任务实施

双击进入"一三层顶梁配筋图"，进行以下操作。

1)选择导航栏构件

将目标构件定位至"梁"，如图12.44所示。

2)识别梁

①单击"建模"选项卡→"识别梁"，如图12.45所示。

图12.44

图12.45

②单击"提取边线"，完成梁边线的提取，具体操作方法参考"识别柱"功能，如图12.46所示。

图12.46

③单击"提取梁标注"，提取梁标注包含3个功能：自动提取标注、提取集中标注和提取原位标注。

a."自动提取标注"可一次提取CAD图中全部的梁标注，软件会自动区别梁原位标注与集中标注，一般集中标注与原位标注在同一图层时使用。

单击"自动提取标注"，选中图中所有同图层的梁标注，如果集中标注与原位标注在同一图层，就会被选择到，单击鼠标右键确定，如图12.47所示。弹出"标注提取"完成的提示。

GTJ在做了优化后，软件会自动区分集中标注和原位标注。完成提取后，集中标注以黄色显示，原位标注以粉色显示，如图12.48所示。

b.如果集中标注与原位标注分别在两个图层，则采用提取集中标注和提取原位标注分开提取，方法与自动提取标注类似。

④接着进行识别梁构件的操作。识别梁有自动识别梁、框选识别梁、点选识别梁3种方法。

a.自动识别梁。软件根据提取的梁边线和梁集中标注自动对图中所有梁一次性全部识别。

图12.47

图12.48

单击识别面板"点选识别梁"的倒三角,在下拉菜单中单击"自动识别梁",软件弹出识别梁选项对话框,如图12.49所示。

	名称	截面(b*h)	上通长筋	下通长筋	侧面钢筋	箍筋	肢数
1	KL1(1)	250*500	2C25		N2C16	C10@100/200(2)	2
2	KL2(2)	300*500	2C25		G2C12	C10@100/200(2)	2
3	KL3(3)	250*500	2C22		G2C12	C10@100/200(2)	2
4	KL4(1)	300*600	2C22		G2C12	C10@100/200(2)	2
5	KL5(3)	300*500	2C25		G2C12	C10@100/200(2)	2
6	KL6(7)	300*500	2C25		G2C12	C10@100/200(2)	2
7	KL7(3)	300*500	2C25		G2C12	C10@100/200(2)	2
8	KL8(1)	300*600	2C25		G2C12	C10@100/200(2)	2
9	KL9(3)	300*600	2C25		G2C12	C10@100/200(2)	2
10	KL10(3)	300*600	2C25		G2C12	C10@100/200(2)	2
11	KL10a(3)	300*600	2C25		G2C12	C10@100/200(2)	2
12	KL10b(1)	300*600	2C25	2C25	G2C12	C10@100/200(2)	2
13	L1(1)	300*550	2C22		G2C12	C8@200(2)	2
14	LL1(1)	200*1000	4C22	4C22	GC12@200	C10@100/200(2)	2

请检查并确认得到的梁信息

图12.49

【说明】

①在"识别梁选项"对话框可以查看、修改、补充梁集中标注信息，以提高梁识别的准确性。

②识别梁之前，应先完成柱、墙等图元的模型创建，这样识别出来的梁会自动延伸到现有的柱、墙、梁中，计算结果更准确。

单击"继续"按钮，则按照提取的梁边线和梁集中标注信息自动生成梁图元，如图12.50所示。

图12.50

识别梁完成后，软件自动启用"校核梁图元"功能，如识别的梁跨与标注的梁跨数量不符，则弹出提示，并且梁会以红色显示，如图12.51所示。此时需要检查并进行修改。

b.点选识别梁。"点选识别梁"功能可以通过选择梁边线和梁集中标注的方法进行梁识别操作。

单击识别梁面板"点选识别梁"，则弹出"点选识别梁"对话框，如图12.52所示。

图12.51

图12.52

单击需要识别的梁集中标注,则"点选识别梁"对话框自动识别梁集中标注信息,如图12.53所示。

图12.53

单击"确定"按钮,在图形中选择符合该梁集中标注的梁边线,被选择的梁边线以高亮显示,如图12.54所示。

图12.54

单击鼠标右键确认选择,此时所选梁边线则被识别为梁图元,如图12.55所示。

图12.55

c.框选识别梁。"框选识别梁"可满足分区域识别的需求,对一张图纸中存在多个楼层平面的情况,可选中当前层识别,也可框选一道梁的部分梁线完成整道梁的识别。

单击识别面板"点选识别梁"的倒三角,下拉选择"框选识别梁"。状态栏提示:左键拉框选择集中标注。

拉框选择需要识别的梁集中标注，如图12.56所示。

图12.56

单击鼠标右键确定选择，弹出"识别梁选项"对话框，再单击"继续"按钮，即可完成识别，如图12.57所示。

图12.57

【说明】

①识别梁完成后，与集中标注中跨数一致的梁用粉色显示，与标注不一致的梁用红色显示，方便用户检查，如图12.58所示。

图12.58

②梁识别的准确率与"计算设置"有关。

a.在"钢筋设置"中的"计算设置"→"框架梁"部分,第3项如图12.59所示。此项设置可修改,并会影响后面的梁识别,注意应准确设置。

| 3 | 截面小的框架梁是否以截面大的框架梁为支座 | 是 |

图12.59

b.在"计算设置"→"非框架梁"部分,第3项和第4项如图12.60所示。

| 3 | 宽高均相等的非框架梁L型、十字相交互为支座 | 否 |
| 4 | 截面小的非框架梁是否以截面大的非框架梁为支座 | 是 |

图12.60

这两项需要根据实际工程情况准确设置。

③梁跨校核。当识别梁完成之后,软件提供"梁跨校核"功能进行智能检查。梁跨校核是自动提取梁跨,然后将提取到的跨数与标注中的跨数进行对比,二者不同时弹出提示。

图12.61

a.软件识别梁之后,会自动对梁图元进行梁跨校核,或单击"校核梁图元"命令,如图12.61所示。

b.如存在跨数不符的梁,则会弹出提示,如图12.62所示。

c.在"校核梁图元"对话框中,双击梁构件名称,软件可以自动定位到此道梁,如图12.63所示。

图12.62

图12.63

④编辑支座。当"校核梁图元"完成后,如果存在梁跨数与集中标注中不符的情况,则

可使用"编辑支座"功能进行支座的增加、删除以调整梁跨,如图12.64和图12.65所示。

图12.64   图12.65

【注意】

梁跨校核只针对有跨信息的梁,手动绘制的无跨信息的粉色梁不会进行校核。

"编辑支座"是对以前"设置支座"和"删除支座"两个功能的优化,如要删除支座,直接点取图中支座点的标志即可;如要增加支座,则点取作为支座的图元,单击鼠标右键确定即可。这样即可完成编辑支座的操作。

【说明】

①"校核梁图元"与"编辑支座"并配合修改功能(如打断、延伸、合并等)使用,来修改和完善梁图元,保证梁图元和跨数正确,然后再识别原位标注。

②识别梁时,自动启动"校核梁图元",只针对本次生成的梁,要对所有梁校核则需要手动启用"校核梁图元"。

⑤识别梁构件完成后,还应识别原位标注。识别原位标注有自动识别原位标注、框选识别原位标注、点选识别原位标注和单构件识别原位标注4个功能,如图12.66所示。

图12.66

【说明】

①所有原位标注识别成功后,其颜色都会变为深蓝色,而未识别成功的原位标注仍保持粉色,方便查找和修改。

②识别原位标注的4个功能可以按照实际工程的特点结合使用,从而提高识别原位标注的准确率。实际工程图纸中,可能存在一些画图不规范或是错误的情况,会导致实际识别原位标注并不能完全识别的情况,此时只需找到"粉色"的原位标注进行单独识别,或是直接对梁进行"原位标注"即可。

3)识别吊筋

所有梁识别完成之后,如果图纸中绘制了吊筋和次梁加筋,则可以使用"识别吊筋"功能,对CAD图中的吊筋、次梁加筋进行识别。

"识别吊筋"的操作步骤如下:

①提取钢筋和标注：选中吊筋和次梁加筋的钢筋线及标注（如无标注则不选），单击鼠标右键确定，完成提取。

②识别吊筋：在"提取钢筋和标注"后，通过自动识别、框选识别和点选识别来完成吊筋的识别。

【说明】

①在CAD图中，若存在吊筋和次梁加筋标注，软件会自动提取；若不存在，则需要手动输入。

②所有的识别吊筋功能都需要在主次梁已经变成绿色后，才能识别吊筋和加筋。

③识别后，已经识别的CAD图线变为蓝色，未识别的CAD图线保持原来的颜色。

④图上有钢筋线的才识别，没有钢筋线的不会自动生成。

⑤与自动生成吊筋一样，重复识别时会覆盖上次识别的内容。

⑥吊筋线和加筋线比较短且乱，必须有误差限制，因此，如果CAD图绘制得不规范，则可能会影响识别率。

四、任务结果

任务结果同3.3节的任务结果。

五、总结拓展

1）识别梁的流程

CAD识别梁可以按照以下基本流程来操作：添加图纸→分割图纸、标注→识别梁构件→识别梁原位标注→识别吊筋、次梁加筋。

①在识别梁的过程中，软件会对提取标注、识别梁、识别标注、识别吊筋等进行验收的区分。

②CAD识别梁构件、梁原位标注、吊筋时，因为CAD图纸的不规范可能会对识别的准确率造成影响，所以需要结合梁构件的其他功能进行修改完善。

2）定位图纸

"定位"功能可用于不同图纸之间构件的重新定位。例如，先导入柱图并将柱构件识别完成后，这时需要识别梁，然而导入梁图后，就会发现梁图与已经识别的图元不重合，此时就可以使用"定位"功能。

在"添加图纸"后，单击"定位"，在CAD图纸上选中定位基准点，再选择定位目标点，快速完成所有图纸中构件的对应位置关系，如图12.67所示。

图12.67

若创建好了轴网，对整个图纸使用"移动"命令也可以实现图纸定位的目的。

12.3.6　识别板及板钢筋

通过本小节的学习，你将能够：

进行板及板钢筋的CAD识别。

一、任务说明

①完成首层板的识别。

②完成首层板受力筋的识别。

③完成首层板负筋的识别。

二、任务分析

在梁识别完成后，接着识别板。识别板钢筋之前，首先需要在图中绘制板。绘制板的方法参见前面介绍的"现浇板的属性定义和绘制"。另外，也可通过"识别板"功能将板创建出来。

三、任务实施

双击进入"一三层板配筋图"，进行以下操作。

1)识别板

①选择导航栏构件，将目标构件定位至"现浇板"，如图12.68所示。

图12.68

②单击"建模"选项卡，选择"识别板"，如图12.69所示。

图12.69

识别板有以下3个步骤：提取板标识→提取板洞线→自动识别板。

a.单击识别面板上"提取板标识"（图12.70），利用"单图元选择""按图层选择"或"按颜色选择"的功能选中需要提取的CAD板标识，选中后变成蓝色。此过程也可以点选或框选需要提取的CAD板标识。

图12.70

按照软件下方的提示,单击鼠标右键确认选择,则选择的标识自动消失,并存放在"已提取的CAD图层"中。

b.单击识别面板上的"提取板洞线",利用"单图元选择""按图层选择"或"按颜色选择"的功能选中需要提取的CAD板洞线,选中后变成蓝色。

按照软件下方的提示,单击鼠标右键确认选择,则选择的板洞线自动消失,并存放在"已提取的CAD图层"中。

【注意】
若板洞图层不对,或板洞较少时,也可跳过该步骤,后期直接补画板洞即可。

c.单击识别面板上的"自动识别板",弹出"识别板选项"对话框,选择板支座的图元范围,单击"确定"按钮进行识别,如图12.71所示。

图12.71

【注意】
①识别板前,请确认柱、墙、梁等图元已绘制完成。
②通过复选框可以选择板支座的图元范围,从而调整板图元生成的大小。

2)识别板受力筋

①选择导航栏构件,将目标构件定位至"板受力筋",如图12.72所示。

图12.72

②单击"建模"选项卡,选择"识别板受力筋"→"识别受力筋",如图12.73所示。

图12.73

识别受力筋有以下3个步骤:提取板筋线→提取板筋标注→识别受力筋(点选识别受力筋或自动识别板筋)。

3)识别板负筋

①选择导航栏构件,将目标构件定位至"板负筋",如图12.74所示。

图12.74

②单击"建模"选项卡，选择"识别板负筋"→"识别负筋"，如图12.75所示。

图12.75

识别负筋有以下3个步骤：提取板筋线→提取板标注→识别负筋（点选识别负筋或自动识别板筋）。

四、任务结果

任务结果同3.4节的任务结果。

五、总结扩展

识别板筋（包含板和筏板基础）的操作流程如下：添加图纸→分割图纸→定位钢筋构件→提取板钢筋线→提取板钢筋标注→识别板筋。

【注意】

使用"自动识别板筋"之前，需要对"CAD识别选项"中"板筋"选项进行设置，如图12.76所示。

图12.76

在"自动识别板筋"之后，如果遇到有未识别成功的板筋，可灵活应用识别"点选识别受力筋""点选识别负筋"的相关功能进行识别，然后再使用板受力筋和负筋的绘图功能进行修改，这样可以提高对板钢筋建模的效率。

12.3.7　识别砌体墙

通过本小节的学习,你将能够:

进行砌体墙的CAD识别。

一、任务说明

用CAD识别的方式完成砌体墙的属性定义和绘制。

二、任务分析

本工程首层为框架结构,首层墙为砌体墙,需要使用的图纸是含完整砌体墙的"一层建筑平面图"。

三、任务实施

分割完图纸后,双击进入"一层建筑平面图",进行以下操作。

1)选择导航栏构件

将目标构件定位至"砌体墙",如图12.77所示。

图12.77

2)识别砌体墙

在砌体墙构件下,单击"建模"选项卡,选择"识别砌体墙",如图12.78所示。

图12.78

"识别砌体墙"有4个步骤:提取砌体墙边线→提取墙标识→提取门窗线→识别砌体墙(自动识别、框选识别和点选识别),如图12.79所示。

图12.79

【说明】

①当建筑平面图中无砌体墙标识时,需要先新建砌体墙,定义好砌体墙的属性。

②对于砌体墙,用"提取砌体墙边线"功能来提取;对于剪力墙,需要在剪力墙构件中选择"提取混凝土墙边线",这样识别出来的墙才能分开材质类别。

③识别墙中的"剪力墙"操作和"砌体墙"操作一样。

四、任务结果

任务结果同3.5节的任务结果。

五、知识扩展

①"识别墙"可识别剪力墙和砌体墙,因为墙构件存在附属构件,所以在识别时需要注意此类构件。对墙构件的识别,其流程如下:添加图纸→提取墙线→提取门窗线→识别墙→识别暗柱(存在时)→识别连梁(存在时)。

通过以上流程,即可完成对整个墙构件的识别。

②识别暗柱。"识别暗柱"的方法与识别柱相同,可参照"识别柱"部分的内容。

③识别连梁表。有些图纸是按16G101—1规定的连梁表形式设计的,此时就可以使用软件提供的"识别连梁表"功能,对CAD图纸中的连梁表进行识别。

④识别连梁。识别连梁的方法与"识别梁"完全一致,可参照"识别梁"部分的内容。

12.3.8　识别门窗

通过本小节的学习,你将能够:

进行门窗的CAD识别。

一、任务说明

通过CAD识别门窗表和门窗洞,完成首层门窗的属性定义和绘制。

二、任务分析

在墙、柱等识别完成后,进行识别门窗的操作。通过"添加图纸"功能导入CAD图,添加"建筑设计说明"建施-01(含门窗表),完成门窗表的识别;添加"首层平面图",进行门窗洞的识别。

三、任务实施

1)识别门窗表

分割完图纸后,双击进入"建筑设计总说明",进入以下操作。

(1)选择导航栏构件

将目标构件定位至"门""窗",如图12.80所示。

图12.80

(2)识别门窗表生成门窗构件

①单击"建模"选项卡,选择"识别门窗表",拉框选择门窗表中的数据,如图12.81所示的黄色线框为框选的门窗范围,单击鼠标右键确认选择。

②在"识别门窗表"对话框中,选择对应行或列,使用"删除行"或"删除列"功能

删除无用的行或列，调整后的表格可参考图12.82。

门窗数量及门窗规格一览表

编号	名称	规格(洞口尺寸)(mm)		数量						备注
		宽	高	地下1层	1层	2层	3层	4层	总计	
FM甲1021	甲级防火门	1000	2100	2					2	甲级防火门
FM乙1121	乙级防火门	1100	2100	1	1				2	乙级防火门
M5021	旋转玻璃门	5000	2100		1				1	甲方确定
M1021	木质夹板门	1000	2100	18	22	22	22	22	106	甲方确定
C0924	塑钢窗	900	2400		4	4	4	4	16	详见立面
C1524	塑钢窗	1500	2400		2	2	2	2	8	详见立面
C1624	塑钢窗	1600	2400	2	2	2	2	2	10	详见立面
C1824	塑钢窗	1800	2400		4	4	4	4	16	详见立面
C2424	塑钢窗	2400	2400		3	3	3	3	12	详见立面
PC1	飘窗(塑钢窗)	见平面	2400		2	2	2	2	8	详见立面
C5027	塑钢窗	5000	2700			1	1	1	3	详见立面
MQ1	装饰幕墙	6927	14400							详见立面
MQ2	装饰幕墙	7200	14400							详见立面

图12.81

识别门窗表

↩ 撤消　↪ 恢复　🔲 查找替换　✖ 删除行　✖ 删除列　⬅ 插入行　➡ 插入列　📋 复制行

名称	备注	宽度	高度	类型	所属楼层
FM甲1021	甲级防火门	1000	2100	门	1号办公楼[-1]
FM乙1121	乙级防火门	1100	2100	门	1号办公楼[-1,1]
M5021	旋转玻璃门	5000	2100	门	1号办公楼[1]
M1021	木质夹板门	1000	2100	门	1号办公楼[-1,1,2,3,4]
C0924	塑钢窗	900	2400	窗	1号办公楼[1,2,3,4]
C1524	塑钢窗	1500	2400	窗	1号办公楼[1,2,3,4]
C1624	塑钢窗	1600	2400	窗	1号办公楼[-1,1,2,3,4]
C1824	塑钢窗	1800	2400	窗	1号办公楼[1,2,3,4]
C2424	塑钢窗	2400	2400	窗	1号办公楼[1,2,3,4]
PC1	飘窗(塑钢窗)	见平面	2400	窗	1号办公楼[1,2,3,4]
C5027	塑钢窗	5000	2700	窗	1号办公楼[2,3,4]

提示:请在第一行的空白行中单击鼠标从下拉框中选择对应列关系

[识别]　[取消]

图12.82

③单击"识别"按钮,即可完成门窗表的识别,如图12.83所示。

识别门窗表　　　　×

✓　构件识别完成,识别到以下构件:
门构件——4个
窗构件——6个

[确定]

图12.83

2)识别门窗洞

通过识别门窗表完成门窗的属性定义后,再通过识别门窗洞完成门窗的绘制。

双击进入"一层平面图"进行以下操作:

(1)选择导航栏构件

将目标构件定位至"门""窗",方法同上。

(2)识别门窗洞

单击"建模"选项卡,选择"识别门窗洞",如图12.84所示。

图12.84

识别门窗洞有以下3个步骤:提取门窗线→提取门窗洞标识→识别(自动识别、框选识别和点选识别)。

四、任务结果

任务结果同3.6节的任务结果。

五、总结拓展

①在识别门窗之前一定要确认已经绘制完墙并建立门窗构件（可通过识别门窗表创建）,以便提高识别率。

②若未创建构件,软件可以对固定格式进行门窗尺寸解析,如M0921,自动反建为900 mm×2100 mm的门构件。

12.3.9 识别基础

通过本小节的学习,你将能够:

进行基础的CAD识别。

一、任务说明

用CAD识别方式完成独立基础的识别。

二、任务分析

软件提供识别独立基础、识别桩承台、识别桩的功能,本工程采用的是独立基础。下面以识别独立基础为例,介绍识别基础的过程。

三、任务实施

双击进入"基础结构平面图",进行以下操作。

1)选择导航栏构件

将目标构件定位至"独立基础",如图12.85所示。

图12.85

2)识别独基表生成独立基础构件

单击"建模"选项卡,选择"识别独立基础"→"识别独基表",如图12.86所示。

图12.86

"识别独立基表"的操作方法同"识别柱表",请参考"识别柱表"部分的内容。本工程无独基表,可先定义独立基础构件。

3)识别独立基础

单击"建模"选项卡,选择"识别独立基础"。识别独立基础有以下3个步骤:提取独基边线→提取独基标识→识别(自动识别、框选识别、点选识别)。

四、任务结果

任务结果同第7章的任务结果。

五、知识扩展

①上面介绍的方法为识别独立基础,在识别完成之后,需要进入独立基础的属性定义界面,对基础的配筋信息等属性进行修改,以保证识别的准确性。

②独立基础还可先定义,再进行CAD图的识别。这样识别完成之后,不需要再进行修改属性的操作。

12.3.10　识别装修

通过本小节的学习,你将能够:

进行装修的CAD识别。

一、任务说明

用CAD识别的方式完成装修的识别。

二、任务分析

在做实际工程时,CAD图上通常会有房间做法明细表,表中注明了房间的名称、位置以及房间内各种地面、墙面、踢脚、天棚、吊顶、墙裙的一系列做法名称。例如,在1号办公楼图纸中,建筑设计说明中就有"室内装修做法表",如图12.87所示。

如果通过识别表的功能能够快速地建立房间及房间内各种细部装修的构件,那么就可以极大地提高绘图效率。

图12.87

三、任务实施

识别房间装修表有按房间识别装修表和按构件识别装修表两种方式。

1)按房间识别装修表

图纸中明确了装修构件与房间的关系,这时可以使用"按房间识别装修表"的功能,操作如下:

①在图纸管理界面"添加图纸",添加一张带有装修做法表的图纸。

②在"建模"选项卡中,"识别房间"分栏选择"按房间识别装修表"功能,如图12.88所示。

③左键拉框选择装修表,单击鼠标右键确认,如图12.89所示。

图12.88

图12.89

④在"按房间识别装修表"对话框中，在第一行的空白行处单击鼠标左键，从下拉框中选择对应列关系，单击"识别"按钮，如图12.90所示。

图12.90

【说明】

①对构件类型识别错误的行，可以调整"类型"列中的构件类型。

②可利用表格的一些功能对表格内容进行核对和调整，删除无用的部分。

③需要对应装修表的信息，在第一行的空白行处单击鼠标右键，从下拉框中选择对应列关系，如第一列识别出来的抬头是空，对应第一行，应选择"房间"。

④需要将每种门窗所属楼层进行正确匹配，单击所属楼层下的符号，进入"所属楼层"对话框，如图12.91所示，将所属楼层进行勾选。

图12.91

调整后的表格如图12.92所示。

图 12.92

⑤识别成功后,软件会提示识别到的构件个数,如图 12.93 所示。

图 12.93

【说明】

　　房间装修表识别成功后,软件会按照图纸上房间与各装修构件的关系自动建立房间并自动依附装修构件,如图 12.94 所示。

图12.94

2)按构件识别装修表(拓展)

图纸中没有体现房间与房间内各装修之间的对应关系,在此,假设装修如图12.95所示。

装 修 一 览 表

类别	名　　　称	使 用 部 位	做法编号	备　　　注
地 面	水泥砂浆地面	全部	编号1	
楼　　面	陶瓷地砖楼面	一层楼面	编号2	
楼　　面	陶瓷地砖楼面	二至五层的卫生间、厨房	编号3	
楼　　面	水泥砂浆楼面	除卫生间厨房外全部	编号4	水泥砂浆毛面找平

图12.95

①在图纸管理界面"添加图纸",添加一张带有装修做法表的图纸。

②在"建模"选项卡中"识别房间"分栏选择"按构件识别装修表"功能。

③左键拉框选择装修表,单击鼠标右键确认。

④在"按构件识别装修表"对话框中,在第一行的空白行处单击鼠标左键,从下拉框中选择对应列关系,单击"识别"按钮,如图12.96所示。

图12.96

⑤识别完成后软件会提示识别到的构件个数,共10个构件。

【说明】

这种情况下需要在识别完装修构件后,再建立房间构件,然后把识别好的装修构件依附到房间里,最后画房间即可。

下篇
建筑工程计价

13 编制招标控制价要求

通过本章的学习,你将能够:

(1)了解工程概况及招标范围;

(2)了解招标控制价的编制依据;

(3)了解造价的编制要求;

(4)掌握工程量清单表。

1)工程概况及招标范围

①工程概况:本建筑物用地概貌属于平缓场地,为二类多层办公建筑,合理使用年限为50年,抗震设防烈度为7度,基础采用独立基础加止水板,结构类型为框架结构体系,总建筑面积为3155.18 m²,建筑层数为地上4层,地下1层,檐口距地高度为14.850 m。

②工程地点:福州市区。

③招标范围:第一标段结构施工图及第二标段建筑施工图的全部内容。

④本工程计划工期为270天,经计算定额工期300天,合同约定开工日期为2020年9月1日。工程质量按合格工程考虑。

⑤建筑类型:公共建筑。

2)招标控制价编制依据

编制依据:该工程的招标控制价依据《建设工程工程量清单计价规范》(GB 50500—2013)(福建省实施细则)、《福建省房屋建筑与装饰工程预算定额》(2017)、《福建省建筑安装工程费用定额》(2017),信息价采用福州2020年5月份材料综合价格以及福建省2019年第3季度机械台班单价。结合工程设计及相关资料、施工现场情况、工程特点及合理的施工方法,以及建设工程项目的相关标准、规范、技术资料编制。

3)造价编制要求

(1)价格约定

①除甲供材料外,材料价格参考《福建工程造价信息》(2020年5月)福州市材料信息价、定额基期价格、部分项目结合市场询价,机械台班按照福建省2019年第3季度机械台班单价。

②依据榕建价〔2020〕2号文,福州市建设工程人工费调整指数为1.1293,因软件尚未更新仍是1.068,故采取在人材机汇总页面的人工费单价位置输入1.0574的数值。

③计税方式按一般计税法,纳税地区为市区,增值税率为9%。

④安全文明施工费、规费足额计取。

⑤暂列金额为100万元。

⑥幕墙工程(含预埋件)为专业工程暂估价80万元。

(2)其他要求

①原始地貌暂按室外地坪考虑,开挖设计底标高暂按垫层底标高,土方工程按三类土考虑,考虑机械施工,人工配合按5%计算,工作面宽度暂按300 mm计算,放坡坡度按0.33计算,回填土按就地取土;土方外运运距按1 km;未考虑土方堆置及土源费用,未考虑地下室基坑土方大开挖所需栈桥,或对便道加固费用等。

②除圈过梁、构造柱等按非泵送混凝土计算,其他所有混凝土按泵送混凝土计算。

③混凝土模板及支架:采用扣件式钢管支撑胶合板模板。

④脚手架:外墙脚手架采用落地式扣件式钢管脚手架,租赁时间暂按8个月计算。

⑤施工排水、降水,材料二次搬运,其他特殊措施暂未考虑。

⑥垂直与运输:塔吊1台使用时间240天。

⑦本工程大型机械进出场费用,暂按塔吊1台、挖机1台计算,机械型号按定额。

⑧缩短定额工期措施费暂不计取。

⑨优良工程增加费:无,合格工程。

⑩总承包服务费:专业工程按1.5%,甲供材料按0.5%。

4)甲供材料一览表(表13.1)

表13.1　甲供材料一览表

序号	名称	规格型号	单位	单价(元)
1	C15商品混凝土	最大粒径40 mm	m³	432
2	C25商品混凝土	最大粒径40 mm	m³	446
3	C30商品混凝土	最大粒径40 mm	m³	495
4	C30 P6商品混凝土	最大粒径40 mm	m³	532
5	C15细石商品混凝土	最大粒径40 mm	m³	418

5)报价单(表13.2)

表13.2　报价单

工程名称	第_标段_(项目名称)	
工程控制价		
其中	安全文明施工措施费(万元)税金(万元) 规费(万元)	
除不可竞争费外工程造价(万元)		
措施项目费用合计 (不含安全文明施工措施费)(万元)		

6)工程量清单样表

工程量清单样表参见《建设工程工程量清单计价规范》(GB 50500—2013)，主要包括以下表格：

①封面：封-2。

②总说明：表-01。

③工程项目造价汇总表：表-02。

④单项工程招标控制价汇总表：表-03。

⑤单位工程招标控制价汇总表：表-04。

⑥分部分项工程量清单与计价表：表-5。

⑦总价措施项目清单与计价表：表-6。

⑧单价措施项目清单与计价表：表-7。

⑨其他项目清单与计价汇总表：表-8。

⑩暂列金额明细表：表9-1。

⑪专业工程暂估价明细表：表9-2。

⑫总承包服务费计价表：表9-3。

⑬分部分项工程量清单综合单价分析表：表10。

⑭单价措施项目清单综合单价分析表：表11。

⑮甲供材料一览表：表12。

⑯人工、材料设备、机械汇总表：表14。

14　编制招标控制价

通过本章的学习,你将能够:

(1)掌握招标控制价的编制过程和编制方法;

(2)熟悉招标控制价的组成内容。

14.1　新建招标项目结构

通过本节的学习,你将能够:

(1)建立建设项目;

(2)建立单项工程;

(3)建立单位工程;

(4)按标段多级管理工程项目;

(5)修改工程属性。

一、任务说明

在计价软件中完成招标项目的建立。

二、任务分析

①招标项目的单项工程和单位工程分别是什么?

②单位工程的造价构成是什么?各构成所包括的内容分别又是什么?

三、任务实施

①新建项目。单击"新建招投标项目",如图14.1所示。

图14.1

②进入"新建工程"，选择"清单计价"，并单击"新建招标项目"，如图14.2所示。

图14.2

本项目的计价方式：清单计价。

项目名称：1号办公大厦项目。

项目编码：001。

修改项目信息如图14.3所示。修改完成后，单击"下一步"按钮。

图14.3

③新建单项工程。在"1号办公大厦项目"单击鼠标右键,如图14.4所示。

图14.4

选择"新建单项工程",修改单项工程名称为"1号办公楼",如图14.5所示。

图14.5

单击"确定"按钮,完成"1号办公楼"工程的新建,如图14.6所示。

图 14.6

【注意】

在建设项目下，可以新建单项工程；在单项工程下，可以新建单位工程。

单击"完成"按钮，完成项目信息及工程信息的相关内容填写，如图14.7和图14.8所示。

图 14.7

图14.8

四、任务结果

结果参考图14.7和图14.8。

五、总结拓展

1)标段结构保护

项目结构建立完成后,为防止误操作而更改项目结构内容,可用鼠标右键单击项目名称,选择"标段结构保护"对项目结构进行保护,如图14.9所示。

图14.9

2)编辑

①在项目结构中进入单位工程进行编辑时,可直接用鼠标右键双击项目结构中的单位工程名称或者选中需要编辑的单位工程,单击鼠标右键,选择"编辑"即可。

②也可直接用鼠标左键双击"1号办公楼"及单位工程进入。

14.2 导入GTJ算量工程文件

通过本节的学习,你将能够:
(1)导入图形算量文件;
(2)整理清单项;
(3)描述项目特征;
(4)增加、补充清单项。

一、任务说明
①导入图形算量工程文件。
②添加钢筋工程清单和定额,以及相应的钢筋工程量。
③补充其他清单项。

二、任务分析
①图形算量与计价软件的接口在哪里?
②分部分项工程中如何增加钢筋工程量?

三、任务实施
1)导入图形算量文件

①进入单位工程界面,单击"导入导出",选择"导入算量文件",如图14.10所示,选择相应图形算量文件。

图 14.10

②弹出如图14.11所示的"打开文件"对话框,选择算量文件的所在位置,单击"打开"按钮即可。

图 14.11

③然后再检查列是否对应,无误后单击"导入"按钮即可完成算量工程文件的导入,如图 14.12 所示。

图 14.12

2) 整理清单

在分部分项界面进行分部分项整理清单项。

①单击"整理清单"，选择"分部整理"，如图14.13所示。

②弹出如图14.14所示的"分部整理"对话框，选择按专业、章、节整理后，单击"确定"按钮。

| 图14.13 | 图14.14 |

③清单项整理完成后，如图14.15所示。

图14.15

3)项目特征描述

项目特征描述主要有以下3种方法：

①图形算量中已包含项目特征描述的，可以在"特征及内容"界面下选择"应用规则到全部清单"即可，如图14.16所示。

②选择清单项，可以在"特征及内容"界面进行添加或修改来完善项目特征，如图14.17所示。

图14.16　　　　　　　　　　　　　　　图14.17

③直接单击清单项中的"项目特征"对话框，进行修改或添加，如图14.18所示。

图14.18

4)补充清单项

完善分部分项清单,将项目特征补充完整,方法如下：

①单击"插入"按钮，选择"插入清单"和"插入子目"，如图14.19所示。

图14.19

②单击鼠标右键，选择"插入清单"和"插入子目"，如图14.20所示。

图14.20

该工程需补充的清单子目如下（仅供参考）：

①增加钢筋清单项，如图14.21所示。

1	010515001001	项	现浇构件钢筋		t	8.167	5774.61	47161.24	合价
	10105065	换	现浇构件圆钢筋HPB300以内（直径≤10mm）		t	8.167	5774.61	47161.24	
2	010515001002	项	现浇构件钢筋		t	10.1	5578.57	56343.56	合价
	10105066	换	现浇构件圆钢筋HPB300以内（直径12-18mm）		t	10.1	5578.57	56343.56	
3	010515001003	项	现浇构件钢筋		t	51.057	5561.02	283929	合价
	10105067	换	现浇构件带肋钢筋HRB400以内（直径≤10mm）		t	51.057	5561.02	283929	
4	010515001004	项	现浇构件钢筋		t	72.374	5248.59	379861.45	合价
	10105068	换	现浇构件带肋钢筋HRB400以内（直径12-18mm）		t	72.374	5248.59	379861.45	
5	010515001005	项	现浇构件钢筋		t	66.299	4946.2	327928.11	合价
	10105069	换	现浇构件带肋钢筋HRB400以内（直径20-25mm）		t	66.299	4946.2	327928.11	
6	010516003001	项	机械连接		个	2230	14.01	31242.3	合价
	10105102	换	钢筋直螺纹连接（φ20）		个	2230	14.01	31242.3	
7	010516003002	项	机械连接		个	802	15.81	12679.62	合价
	10105104	换	钢筋直螺纹连接（φ25）		个	802	15.81	12679.62	

图14.21

②补充雨水配件等清单项，如图14.22所示。

010902004001	项	屋面排水管		59.4	【项目特征】 1.排水管品种、规格:塑料（PVC） 2.雨水斗、山墙出水口品种、规格:落水管直径100mm		m	59.4
10103073	换	塑料排水管DN100	1	QDL			m	59.4

图14.22

四、检查与整理

1)整体检查

①对分部分项的清单与定额的套用做法进行检查，确认是否有误。

②查看整个分部分项中是否有空格，如有，则删除。

③按清单项目特征描述校核套用定额的一致性，并进行修改。

④查看清单工程量与定额工程量的数据的差别是否正确。

2)整体进行分部整理

对分部整理完成后出现的"补充分部"清单项,可以调整专业章节位置至应该归类的分部。具体操作如下:

①用鼠标右键单击清单项编辑界面,在"页面显示列设置"对话框中选择"指定专业章节位置",如图14.23和图14.24所示。

图14.23

图14.24

②单击清单项的"指定专业章节位置",弹出"指定专业章节"对话框,选择相应的分部,调整完后再进行分部整理。

五、单价构成

在对清单项进行相应的补充、调整之后，需要对清单的单价构成进行费率调整。具体操作如下：

①在工具栏中单击"取费设置"，如图14.25所示。

造价分析	计价依据	取费设置	分部分项	措施项目	其他项目	人材机汇总	费用汇总

费用条件

	名称	内容	设置范围
1	项目类别	房屋建筑与装饰工程	专业工程
2	外墙装饰	有外墙装饰 ▼	专业工程
3	优质工程	不计取	专业工程
4	缩短定额工期措施费		专业工程

使用系统费率

	类别	系统费率（%）	费率（%）	默认
1	☐ 企业管理费			
2	房屋建筑与装饰工程	6.8	6.8	✓
3	单独发包的装饰工程	9.8	9.8	☐

图14.25

②根据专业选择对应定额，查看或修改"单价构成"下的对应费率，如图14.26所示。

工料机显示	单价构成	标准换算	换算信息	特征及内容	工程量明细	反查图形工程量	说明信息

	序号	费用代号	名称	计算基数	基数说明	费率（%）	单价	合价	费用类别	备注
1	1	A	人工费	RGF	人工费		0.36	1355	人工费	
2	2	B	材料费	CLF+ZCF+SBF	材料费+主材费+设备费		0	0	材料费	
3	2.1	B1	其中工程设备费	SBF	设备费		0	0	设备费	
4	2.2	B2	其中甲供材料费	JGCLF+JGZCF	甲供材料费+甲供主材费		0	0	甲供材料费	
5	3	C	施工机具使用费	JXF	机械费		2.38	8958.07	施工机具使用费	
6	4	D	企业管理费	A+B-B1+C	人工费+材料费-其中工程设备费+施工机具使用费	6.8 ▼	0.19	715.14	企业管理费	
7	5	E	利润	A+B-B1+C+D	人工费+材料费-其中工程设备费+施工机具使用费+企业管理费					
8	6	F	规费	A+B-B1+C+D+E	人工费+材料费-其中工程设备费+施工机具使用费+企业管理费+利润					
9	7	G	税金	A+B+C+D+E+F	人工费+材料费+施工机具使用费+企业管理费+利润+规费					
10	8	H	综合单价	A+B+C+D+E+F+G	人工费+材料费+施工机具使用费+企业管理费+利润+规费+税金					

定额库： 福建省房屋建筑与装饰工程预算定额（2017）

- 增值税（一般计税）
  - 计价程序类
    - 企业管理费
      - 房屋建筑与装饰工程
      - 装配式建筑工程
      - 构筑物工程
      - 市政工程
      - 园林绿化工程
      - 市政维护工程
      - 古建筑保护修复工程
    - 利润
    - 税金
    - 规费
    - 优质工程增加费
    - 缩短定额工期增加费
    - 总承包服务费
  - 措施项目类

图14.26

六、任务结果

详见报表实例。

14.3 计价中的换算

通过本节的学习，你将能够：

（1）了解清单与定额的套定一致性；

（2）调整人材机系数；

（3）换算混凝土、砂浆强度标号；

（4）补充或修改材料名称。

一、任务说明

根据招标文件所述换算内容,完成对应的换算。

二、任务分析

①GTJ算量与计价软件的接口在哪里?

②分部分项工程中如何换算混凝土、砂浆?

③清单描述与定额子目材料名称不同时,应如何进行修改?

三、任务实施

1)替换子目

根据清单项目特征描述校核套用定额的一致性,如果套用子目不合适,可单击"查询",选择相应子目进行"替换",如图14.27所示。

图14.27

2)子目换算

按清单描述进行子目换算时,主要包括以下3个方面的换算。

①调整人材机系数。以砌块墙为例,介绍调整人材机系数的操作方法。定额中说明"定额中各类砖、砌块及石砌体的砌筑均按直形砌筑编制,如为圆弧形砌筑者,按相应定额人工费乘以系数1.1,砖、砌块及石砌体及砂浆(黏结剂)用量乘以系数1.03计算",因此,本工程为形砌体项目相应人工乘以系数1.1,砌块及砂浆(黏结剂)乘以系数1.03,如图14.28所示。

②换算混凝土、砂浆强度等级时,方法如下:

a.标准换算。选择需要换算混凝土强度等级的定额子目,在标准换算界面下选择相应的混凝土强度等级或砂浆体积比,如图14.29所示。

	编码	类别	名称	项目特征	单位	工程量
3	010402001003	项	砌块墙	[项目特征] 1. 砂浆强度等级:M5 水泥砂浆砌筑 2. 墙体类型:外墙，弧形 3. 砌块品种、规格、强度等级:250 mm 厚加气混凝土砌块 [工作内容] 1. 砂浆制作、运输 2. 砌砖、砌块 3. 勾缝 4. 材料运输	m3	18.589
	10104017 R*1.1, H041500 80 04150080 *1.03, H8005…	换	蒸压加气混凝土砌块墙 (现拌砂浆 200mm 厚以内) 圆弧形砌筑 人工*1.1,材料[04150080] 含量*1.03,材料[80050150]含量*1.03		m3	18.589
	10104023 R*1.1	换	每增0.5m砌筑超高增加费 圆弧形砌筑 人工*1.1		m3	0.323
4	010402001004	项	砌块墙	[项目特征] 1. 砂浆强度等级:M5 水泥砂浆砌筑 2. 墙体类型:外墙 3. 砌块品种、规格、强度等级:100 mm 厚加气混凝土砌块 [工作内容] 1. 砂浆制作、运输 2. 砌砖、砌块 3. 勾缝 4. 材料运输	m3	1.407
	10104016	换	蒸压加气混凝土砌块墙 (现拌砂浆 120mm 厚以内)		m3	1.407

工料机显示　单价构成　**标准换算**　换算信息　特征及内容　工程量明细　反查图形工程量　说明信息

	换算列表	换算内容
1	实际高度(m)	3.6
2	圆弧形砌筑 人工*1.1,材料[04150080] 含量*1.03,材料[80050150] 含量*1.03	☑
3	换现拌混合砂浆 M5(42.5)	80050150　现拌混合砂浆 M5(42.5)

图 14.28

	编码	类别	名称	项目特征	单位	工程量
1	010502001001	项	矩形柱	[项目特征] 1. 混凝土种类 (商品混凝土、现场拌制，泵送、非泵送):商品混凝土，泵送 2. 混凝土强度等级:C30 [工作内容] 1. 混凝土制作、运输、浇筑、振捣、养护	m3	151.643
	10105011 H80010680 80010700, … H80213675 80213685	换	C20泵送混凝土 (独立矩形柱) 换为【预拌同配比砂浆 C30(42.5)砂子4.75mm】换为【预拌泵送普通混凝土 泵送100m以下 C30(42.5) 碎石25mm 塌落度160-200mm】		m3	151.643
2	010502002001	项	构造柱			
	10105014 H80010680 80010690,H802 13575 80213…	换	C20非泵送混凝土 同配比砂浆 C… 为【预拌非泵送… 碎石31.5mm 塌…			

[项目特征]
抗压强度: 不限 ▼　配合比: 不限 ▼　砂浆标号: 不限 ▼　水泥强度等级
▷ 5.1 现拌砌筑砂浆 稠度50~70mm
▷ 5.2 现拌抹灰砂浆 稠度50~70mm
▷ 6.2 预拌抹灰砂浆 稠度70~90mm
▷ 6.1 预拌砌筑及地面砂浆 稠度50~70mm
▽ 6.3 预拌同配比砂浆
　　80010670 预拌同配比砂浆 C15砂子4.75mm
　　80010680 预拌同配比砂浆 C20(42.5)砂子4.75mm
　　80010690 预拌同配比砂浆 C25(42.5)砂子4.75mm
　　80010700 预拌同配比砂浆 C30(42.5)砂子4.75mm
　　80010710 预拌同配比砂浆 C35砂子4.75mm
　　80010720 预拌同配比砂浆 C40砂子4.75mm
　　80010730 预拌同配比砂浆 C45砂子4.75mm
　　80010740 预拌同配比砂浆 C50砂子4.75mm
　　80010750 预拌同配比砂浆 C55砂子4.75mm
　　80010760 预拌同配比砂浆 C60砂子4.75mm
▷ 5.3 现拌混合砂浆

最近使用:
80010700 预拌同配比砂浆 C30(42.5)砂子4.75mm

工料机显示　单价构成　**标准换算**

	换算列表	
1	装配式混凝土结构工程预制率达15%以上(含15%)现场后浇部分的钢筋混凝土	±0.000以上后浇部分的钢筋，预制15% 人工*1.2,机械*1.2
2		±0.000以上后浇部分的钢筋，预制50%及以上 人工*1.4,机械*1.4
3	换预拌同配比砂浆 C20(42.5)砂子4.75mm	80010700　预拌同配比砂浆 C30(42.5)砂子4.75mm ▼
4	换预拌泵送普通混凝土 泵送100m以下 C20(42.5) 碎石25mm 塌落度160-200mm	80213685　预拌泵送普通混凝土 泵送100m以下 C30(42.5) 碎石25mm 塌落度160-200mm

图 14.29

b.批量系数换算。若清单中的材料进行换算的系数相同时，可选中所有换算内容相同的清单项，单击常用功能中的"其他"，如图14.30所示。

单击"批量换算"对材料进行换算，如图14.31所示。

③修改材料名称。若项目特征中要求材料与子目相对应人材机材料不相符时，需要对材料名称进行修改。下面以钢筋工程按直径划分为例，介绍人材机中材料名称的修改。

选择需要修改的定额子目，在"工料机显示"操作界面下的"规格及型号"一栏备注上直径，如图14.32所示。

图14.30

图14.31

图14.32

四、任务结果

详见报表实例。

五、总结拓展

锁定清单

在所有清单补充完整之后，可运用"锁定清单"对所有清单项进行锁定，锁定之后的清单项将不能再进行添加和删除等操作。若要进行修改，需先对清单项进行解锁，如图14.33所示。

图 14.33

14.4 其他项目清单

通过本节的学习，你将能够：
（1）编制暂列金额；
（2）编制专业工程暂估价；
（3）编制工日表。

一、任务说明

①根据招标文件所述，编制其他项目清单。
②按本工程控制价编制要求，本工程暂列金额为100万元（列入建筑工程专业）。
③本工程幕墙（含预埋件）为专业暂估工程，暂估工程价为80万元。

二、任务分析

①其他项目清单中哪几项内容不能变动?

②暂估材料价如何调整?计日工是不是综合单价?应如何计算?

三、任务实施

1)添加暂列金额

单击"其他项目",如图14.34所示。

图14.34

单击"暂列金额",按招标文件要求暂列金额为1000000元,在项目名称中输入"暂列金额",在基数表达式中输入"1000000",如图14.35所示。

图14.35

2)添加专业工程暂估价

选择"其他项目"→"专业工程暂估价",按招标文件内容,幕墙工程(含预埋件)为暂估工程价,在工程名称中输入"玻璃幕墙工程",在金额中输入"800000",如图14.36所示。

造价分析	计价依据	取费设置		分部分项	措施项目	其他项目		人材机汇总	费用汇总			
□ 其他项目			＜	序号		工程名称		工程内容		金额		备注
□ 暂列金额				1	1	玻璃幕墙工程		幕墙工程(含预埋件)		800000		
□ 专业工程暂估价												
□ 总承包服务费												

图14.36

四、任务结果

详见报表实例。

五、总结拓展

总承包服务费

在工程建设施工阶段实行施工总承包时,当招标人在法律、法规允许的范围内对工程进行分包和自行采购供应部分设备、材料时,要总承包人提供相关服务(如分包人使用总包人脚手架、水电接剥等)和施工现场管理等所需的费用。

14.5　编制措施项目

通过本节的学习,你将能够:
(1)编制安全文明施工措施费;
(2)编制脚手架、模板、大型机械等技术措施项目费。

一、任务说明

根据招标文件所述,编制措施项目:
①参照定额及造价文件计取安全文明施工措施费。
②编制垂直运输、脚手架、大型机械进出场费用。
③提取分部分项模板项目,完成模板费用的编制。

二、任务分析

①措施项目中按项计算与按量计算有什么不同?分别如何调整?
②安全文明施工措施费与其他措施费有什么不同?

三、任务实施

①本工程安全文明施工措施费足额计取,在对应的计算基数和费率一栏中填写即可。

②依据定额计算规则,选择对应的二次搬运费费率和夜间施工增加费费率。本项目不考虑二次搬运、夜间施工及冬雨季施工。

③提取模板项目,正确选择对应模板项目以及需要计算超高的项目。在措施项目界面"其他"下拉菜单中选择"提取模板项目",如果是从图形软件导入结果,就可以省略上面的操作,如图14.37和图14.38所示。

图14.37

④完成垂直运输和脚手架的编制,如图14.39所示。

图 14.38

29	⊟ 011701002001		外脚手架及垂直封闭安全网		m2	1986.628	84.15
	10117001	换	外墙扣件落地式钢管脚手架（双排 建筑物高度（m以内）30）	1	m2	1986.628	84.15
30	⊟ 011701002002		外脚手架及垂直封闭安全网		m2	469.404	63.59
	10117014	换	地下室外墙扣件式钢管脚手架（双排）	1	m2	469.404	63.59
31	⊟ 011701003002		砌筑脚手架		m2	3427.348	3.73
	10117017	换	里脚手架	1	m2	3427.348	3.73
32	⊟ 011701003001		砌筑脚手架		m2	193.113	10.26
	10117018	换	砌筑双排脚手架	1	m2	193.113	10.26
33	⊟ 011701010001		电梯井脚手架		m3	98.637	30.54
	10117026	换	电梯井脚手架	1	m3	98.637	30.54
34	⊟ 011701006001		满堂装饰脚手架		m2	1071.921	11.11
	10117019	换	装修满堂脚手架（基本层3.6m-5.2m）	1	m2	1071.921	11.11
35	⊟ 011703001001		垂直运输		项	1	494193.6
	10117089	换	塔吊使用费（建筑檐高 100m以内）	40	台·天	240	2059.14

图 14.39

四、任务结果

详见报表实例。

14.6 调整人材机

通过本节的学习，你将能够：

（1）调整定额工日；

（2）调整材料价格；

（3）增加甲供材料；

（4）添加暂估材料。

一、任务说明

根据招标文件所述导入信息价，按招标要求修正人材机价格：

①按照招标文件规定，计取相应的人工费。

②材料价格按"福州2020年5月份材料综合价格"及市场价调整。

③根据招标文件编制甲供材料及暂估材料。

二、任务分析

①有效信息价是如何导入的？哪些类型的价格需要调整？

②甲供材料价格如何调整？

③暂估材料价格如何调整？

三、任务实施

①在"人材机汇总"界面下，参照招标文件要求的"福州2020年5月份材料综合价格"对材料"市场价"进行调整，如图14.40所示。

②按照招标文件的要求，对于甲供材料，在"含税市场价"处修改价格，在供货方式处选择"甲供材料"，如图14.41所示。

	编码	类别	名称	规格型号	单位	数量	不含税信息价	不含税市场价	含税市场价	增值税率(%)	不含税市场价合价	价格出处	供货方式
1	00010040	人	定额人工费		元	1708230.93…	1	1.057	1.057	0	1805600.1	自行询价	自行采购
2	00030140	人	塔机人工费	建筑檐高100m以内	元	240	1	416.66	416.66	0	99998.4	自行询价	自行采购
3	01010340	材	螺纹钢筋	HRB400E¢14	t	1.1839	2067.85	3240.71	3662	13	3836.68	2020年02…	自行采购
4	01010350	材	螺纹钢筋	HRB400E¢16	t	74.18335	2040.32	3187.61	3602	13	236487.59	2020年02…	自行采购
5	01010380	材	螺纹钢筋	HRB400E¢22	t	71.42608	2040.32	3187.61	3602	13	227678.49	2020年02…	自行采购
6	01010600	材	线材	HRB400E¢10	t	52.07814	2178.76	3330.09	3763	13	173424.89		自行采购
7	01030140	材	镀锌铁丝	22#	kg	1226.67845	4.65	4.65	5.255	13	5704.05		自行采购
8	01090290	材	圆钢	¢10	t	8.33034	3371.68	3273.45	3699	13	27268.95	2020年02…	自行采购
9	01090320	材	圆钢	¢14	t	10.3525	3371.68	3450.44	3899	13	35720.68	2020年02…	自行采购
10	01130010	材	扁钢	综合	kg	24.3	3.72	3.72	4.204	13	90.4		自行采购
11	01130190	材	镀锌扁钢	综合	kg	49.68106	4.16	4.28	4.84	13.08	212.63	19预算定…	自行采购
12	01210010	材	角钢	综合	kg	1663.78444	2.44	3.657	4.132	12.99	6084.46	2020年02…	自行采购
13	01610170	材	不锈钢石材干挂挂件		套	398.00719	3.98	3.98	4.5	13.07	1584.07		自行采购
14	01610250	材	铁件	综合	kg	89.34922	3.8	4.857	5.488	12.99	433.97	2020年02…	自行采购
15	02190360	材	钢筋丝头保护帽	直径20	个	4504.6	0.02	0.02	0.02	13	90.09		自行采购
16	02190340	材	钢筋丝头保护帽	直径25	个	1620.04	0.04	0.04	0.05	25	64.8		自行采购
17	03013980	材	高强螺栓	M39×1335	个	16	285.4	285.4	322.5	13	4566.4		自行采购
18	03014950	材	拉杆螺栓		kg	234.64969	5.9	5.9	6.667	13	1384.43		自行采购
19	03015640	材	膨胀螺栓	M8	套	796.01438	0.45	0.45	0.509	13	358.21		自行采购
20	03030220	材	执手锁		把	4.04	39.82	39.82	44.997	13	160.87		自行采购
21	03030240	材	磁性门碰		套	4.04	22.12	22.12	24.996	13	89.36		自行采购
22	03030290	材	闭门器		只	4.04	50.44	50.44	56.997	13	203.78		自行采购
23	03131970	材	低合金钢焊条	E43系列	kg	777.5958	12.57	12.57	14.2	12.97	9774.38		自行采购
24	03210080	材	不锈钢装饰盖	¢59	个	51.36799	1.11	1.11	1.254	13	57.02		自行采购
25	03230120	材	螺纹套筒	¢20	个	2252.3	1.47	1.51	1.71	13.25	3400.97	2020年02…	自行采购

图 14.40

	主要材料	风险控制	编码	类别	名称	规格型号	单位	数量	不含税信息价	不含税市场价	含税市场价	增值税率	不含税市场价合价	价格出处	供货方式
1	☑	☐	80213460	商砼	预拌细石混凝土 非泵送	填落度120-160mm C15碎石10mm(细石)	m3	5.36161	189.83	405.025	418	3	2175.68	自行询价	甲供材料
2	☑	☐	80213580	商砼	预拌非泵送普通混凝土	C25(42.5) 碎石31.5mm 填落度120-160mm	m3	40.03477	204.81	433.01	446	3	17335.46	自行询价	甲供材料
3	☑	☐	80213670	商砼	预拌泵送普通混凝土 泵送100m以下	C15(42.5) 碎石25mm 填落度160-200mm	m3	147.4903	183.39	419.417	432	3	61859.94	自行询价	甲供材料
4	☑	☐	80213680	商砼	预拌泵送普通混凝土 泵送100m以下	C25(42.5) 碎石25mm 填落度160-200mm	m3	1.37562	207.38	433.01	446	3	595.66	自行询价	甲供材料
5	☑	☐	80213685	商砼	预拌泵送普通混凝土 泵送100m以下	C30(42.5) 碎石25mm 填落度160-200mm	m3	1235.45099	218.32	480.583	495	3	593736.74	自行询价	甲供材料
6	☑	☐	80215185	商砼	预拌抗渗混凝土 泵送	填落度160-200mm C30P6碎石25mm	m3	128.8814	251.34	516.505	532	3	66587.89	自行询价	甲供材料

图 14.41

四、任务结果

详见报表实例。

五、总结拓展

1)市场价锁定

对于招标文件要求的内容,如甲供材料表、暂估材料表中涉及的材料价格是不能进行调整的,为了避免在调整其他材料价格时出现操作失误,可使用"市场价锁定"对修改后的材料价格进行锁定,如图14.42所示。

	主要材料	编码	类别	名称	单位	数量	不含税信息价	不含税市场价	含税市场价	增值税率(%)	不含税市场价合价	市场价锁定
22		03030290	材	闭门器	只	4.04	50.44	50.44	56.997	13	203.78	✓
23		03131970	材	低合金钢焊条	kg	777.5958	12.57	12.57	14.2	12.97	9774.38	✓
24		03210080	材	不锈钢装饰盖	个	51.36799	1.11	1.11	1.254	13	57.02	✓
25		03230120	材	螺纹套筒	个	2252.3	1.47	1.51	1.71	13.25	3400.97	✓
26		03230160	材	螺纹套筒	个	810.02	1.78	1.84	2.08	13.04	1490.44	✓
27		04010001	材	水泥	kg	6632.33834	0.35	0.517	0.584	12.96	3428.92	✓
28		04010090	材	袋装水泥	kg	5806.08435	0.35	0.544	0.614	12.87	3158.51	✓
29		04010170	材	散装水泥	kg	61494.97781	0.29	0.518	0.585	12.93	31854.4	✓
30		04030120	材	中(细)砂	m3	85.68672	191.5	238.78	245.94	3	20460.28	✓
31		04030230	材	净干砂(机制砂)	m3	133.51621	73.54	141.2	145.44	3	18852.49	✓

图14.42

2)显示对应子目

对于"人材机汇总"中出现的材料名称异常或数量异常的情况,可直接用鼠标右键单击相应材料,选择"显示对应子目",在分部分项中对材料进行修改,如图14.43所示。

3)市场价存档

对于同一个项目的多个标段,发包方会要求所有标段的材料价保持一致,在调整好一个标段的材料价后,可运用"存价"将此材料价运用到其他标段,如图14.44所示。

图14.43　　　　　　　　　　　　　　　　图14.44

在其他标段的"人材机汇总"中使用该市场价文件时,可运用"载价",如图14.45所示。

图14.45

在导入Excel市场价文件时，按如图14.46所示的顺序进行操作。

图 14.46

导入Excel市场价文件之后，需要先识别材料号、名称、规格、单位、单价等信息，如14.47所示。

图 14.47

识别完所需要的信息之后，需要选择"匹配"选项，然后单击"导入"按钮即可，如14.48所示。

图 14.48

14.7 生成电子招标文件

通过本节的学习,你将能够:

(1)查看费用汇总;

(2)修改报表样式;

(3)运用"项目自检"并修改;

(4)运用软件生成招标书。

一、任务说明

在预览报表状态下对报表格式及相关内容进行调整和修改,根据招标文件所述内容生成招标书。

二、任务分析

①输出招标文件之前有检查要求吗?

②输出的文件是什么类型?如何使用?

三、任务实施

1）查看费用汇总

①在"费用汇总"界面，查看"工程费用构成"，如图14.49所示。

	序号	费用代号	名称	计算基数	基数说明	费率(%)
1	一	A	分部分项工程费及定额措施项目费	FBFXHJ+JSCSF	分部分项合计+定额措施项目合计	
2	二	B	措施项目费（费率措施费）	ZZCSF	费率措施项目合计	
3	三	C	其他项目费	QTXMHJ	其他项目合计	
4		C1	暂列金额	ZLJE	暂列金额	
5		C2	专业工程暂估价	ZYGCZGJ	专业工程暂估价	
6		C3	计日工	JRG	计日工	
7		C4	总承包服务费	ZCBFWF	总承包服务费	
8	四	D	规费	D1 + D2 + D3	其中：社会保险费+其中：住房公积金+其中：环境保护税	
9		D1	其中：社会保险费	YSRGF+JSCS_YSRGF	分部分项预算人工费+定额措施项目预算人工费	18
10		D2	其中：住房公积金	YSRGF+JSCS_YSRGF	分部分项预算人工费+定额措施项目预算人工费	7
11		D3	其中：环境保护税	YSRGF+JSCS_YSRGF	分部分项预算人工费+定额措施项目预算人工费	0.21
12	五	E	税金	A + B + C + D	分部分项工程费及定额措施项目费+措施项目费（费率措施费）+其他项目费+规费	9
13	六	F	工程造价	A + B + C + D + E	分部分项工程费及定额措施项目费+措施项目费（费率措施费）+其他项目费+规费+税金	

图14.49

②进入"报表"界面，选择"招标控制价"，勾选需要输出的报表，单击鼠标右键选择"报表设计"，如图14.50所示，或直接单击"报表设计器"，进入"报表设器"界面，调整列宽及行距，如图14.51所示。

图14.50

图 14.51

③单击文件,选择"报表设计预览",如需修改,关闭预览,重新调整。

2)项目自检

①在"编制"页签下,单击"项目自检",如图 14.52 所示。

图 14.52

②在"项目自检"界面,选择需要检查的项目名称,可以设置检查范围和检查内容,如图 14.53 所示。

图 14.53

③根据生成的"检查结果"对单位工程中的内容进行修改，检查报告如图14.54所示。

图14.54

④还可通过"云检查"，判断工程造价计算的合理性，如图14.55所示。

图14.55

3）生成招标书

①在"电子标"页签下，单击"生成招标书"，如图14.56所示。

图14.56

②在"导出标书"界面，选择导出位置，选择需要导出的标书类型，单击"确定"按钮即可，如图14.57所示。

图14.57

四、任务结果

详见报表实例。

五、总结拓展

在生成招标书之前,软件会进行友情提醒:"生成标书之前,最好进行自检",以免出现错误!假如未进行项目自检,则可单击"是",进入"项目自检"界面;假如已进行项目自检,则可单击"否",如图14.58所示。

图 14.58

15　报表实例

通过本章的学习,你将能够:

熟悉编制招标控制价时需要打印的表格。

一、任务说明

按照招标文件的要求,打印相应的报表,并装订成册。

二、任务分析

①招标文件的内容和格式是如何规定的?

②如何检查打印前的报表是否符合要求?

三、任务实施

①检查报表样式。

②设定需要打印的报表。

四、任务结果

工程量清单招标控制价实例(由于篇幅限制,本书仅提供报表的部分内容,全部内容详见电子版)。

1号办公大厦项目　工程
招标控制价

招　标　人：<u>广联达软件股份有限公司</u>
　　　　　　　　　（单盖章）

造价咨询人：<u>福建××工程咨询公司</u>
　　　　　　　　　（单位盖章）

年　　月　　日

封-2

1号办公大厦项目　工程
招标控制价

招标控制价(小写):9084114.00

　　　　(大写):玖佰零捌万肆仟壹佰壹拾肆元整

招　　标　人:广联达软件股份有限公司　　造价咨询人：　福建××工程咨询公司

　　　　　　　（单位盖章）　　　　　　　　　　　（单位资质专用章）

法定代表人　　　　　　　　　　　　　　法定代表人
或其授权人:＿＿＿＿＿＿＿＿＿＿　　　或其授权人：＿＿＿＿＿＿＿＿＿＿
（签字或盖章）　　　　　　　　　　　　　（签字或盖章）

编　制　人:＿＿＿＿＿＿＿＿＿＿　　　复　核　人：＿＿＿＿＿＿＿＿＿＿
　　（造价人员签字盖专用章）　　　　　　　（造价工程师签字盖专用章）

编制时间:2020年5月25日　　　　　复核时间：　　年　　月　　日

扉-2

工程项目造价汇总表

工程名称:1号办公大厦项目　　　　　　　　　　　　　　　　　　第1页 共1页

序号	单项工程名称	金额(元)	其中:
			安全文明施工费(元)
1	1号办公楼	9084114.00	249467.00
合　计		9084114.00	249467.00

注：本表适用于建设项目招标控制价或投标报价的汇总。

表-02

单项工程造价汇总表

工程名称：1号办公大厦项目——1号办公楼　　　　　　　　　　　　　第1页　共1页

序号	单位工程名称	金额(元)	其中：
			安全文明施工费(元)
1	建筑装饰	9084114.00	249467.00
合　计		9084114.00	249467.00

注：本表适用于单项工程招标控制价或投标报价的汇总。

表-03

单位工程造价汇总表

工程名称:1号办公大厦项目——1号办公楼 　　　　　　　第1页 共1页

序号	汇总内容	金额(元)
1	分部分项工程	5543216
2	措施项目费	1725187
2.1	总价措施项目费	300050
2.1.1	安全文明施工费	249467
2.1.2	其他总价措施费	24389
2.2	单价措施项目费	1425137
3	其他项目费	1815711
3.1	暂列金额	1000000
3.2	专业工程暂估价	800000
3.3	总承包服务费	15711
	合计=1+2+3	9084114.00

表-04

分部分项工程工程量清单与计价表

工程名称：1号办公大厦项目——1号办公楼

序号	项目编码	项目名称	项目特征描述	计量单位	工程量	金额（元）	
						综合单价	合价
1	010101001001	平整场地	[项目特征] 土壤类别：三类土 [工作内容] (1)土方挖填 (2)场地找平 (3)运输	m²	634.431	1.73	1097.57
2	010101002001	挖一般土方	[项目特征] (1)土壤类别：三类土 (2)挖土深度：6 m以内 [工作内容] (1)排地表水 (2)土方开挖 (3)围护(挡土板)及拆除 (4)基底钎探 (5)场内运输	m³	3961.997	5.33	21117.44
3	010101004001	挖基坑土方	[项目特征] (1)土壤类别：三类土 (2)挖土深度：6 m以内 [工作内容] (1)排地表水 (2)土方开挖 (3)围护(挡土板)及拆除 (4)基底钎探 (5)场内运输	m³	88.233	7.63	673.22
4	010101004002	挖基坑土方	[项目特征] (1)土壤类别：三类土 (2)挖土深度：2 m以内 [工作内容] (1)排地表水 (2)土方开挖 (3)围护(挡土板)及拆除 (4)基底钎探 (5)场内运输	m³	127.799	6.66	851.14
5	010103001001	回填方	[项目特征] (1)密实度要求：0.87 (2)填方来源、运距：挖方利用 [工作内容] (1)运输 (2)回填 (3)压实	m³	1559.756	7.97	12431.26
6	010103002001	余方弃置	[项目特征] (1)废弃料品种：三类土 (2)运距：1 km以内 [工作内容] 余方点装料运输至弃置点	m³	2385.178	11.83	28216.66

分部分项工程工程量清单与计价表

工程名称:1号办公大厦项目——1号办公楼　　　　　　　　　　第2页 共20页

序号	项目编码	项目名称	项目特征描述	计量单位	工程量	综合单价	合价
						金额(元)	
7	010401003001	实心砖墙	[项目特征] (1)砖品种、规格、强度等级:黏土砖 (2)墙体类型、砌筑高度:女儿墙,弧形 (3)砂浆强度等级、配合比:混合砂浆 M5 [工作内容] (1)砂浆制作、运输 (2)砌砖 (3)刮缝 (4)砖压顶砌筑 (5)材料运输	m³	1.39	719.73	1000.42
8	010401003002	实心砖墙	[项目特征] (1)砖品种、规格、强度等级:黏土砖 (2)墙体类型、砌筑高度:女儿墙,直形 (3)砂浆强度等级、配合比:混合砂浆 M5 [工作内容] (1)砂浆制作、运输 (2)砌砖 (3)刮缝 (4)砖压顶砌筑 (5)材料运输	m³	18.958	685.66	12998.74
9	010401001001	砖基础	[项目特征] (1)砖品种、规格、强度等级:黏土砖 (2)基础类型:条形基础 (3)砂浆强度等级:M5 [工作内容] (1)砂浆制作、运输 (2)砌砖 (3)防潮层铺设 (4)材料运输	m³	3.787	685.66	2596.59
10	010402001001	砌块墙	[项目特征] (1)砂浆强度等级:M5 水泥砂浆砌筑 (2)墙体类型:内墙 (3)砌块品种、规格、强度等级:200 mm厚加气混凝土砌块 [工作内容] (1)砂浆制作、运输 (2)砌砖、砌块 (3)勾缝 (4)材料运输	m³	381.651	668.57	255160.41

分部分项工程工程量清单与计价表

工程名称：1号办公大厦项目——1号办公楼

序号	项目编码	项目名称	项目特征描述	计量单位	工程量	金额（元）	
						综合单价	合价
11	010402001002	砌块墙	[项目特征] (1)砂浆强度等级：M5水泥砂浆砌筑 (2)墙体类型：外墙 (3)砌块品种、规格、强度等级：250 mm厚加气混凝土砌块 [工作内容] (1)砂浆制作、运输 (2)砌砖、砌块 (3)勾缝 (4)材料运输	m³	153.177	668.92	102463.16
12	010402001003	砌块墙	[项目特征] (1)砂浆强度等级：M5水泥砂浆砌筑 (2)墙体类型：外墙，弧形 (3)砌块品种、规格、强度等级：250 mm厚加气混凝土砌块 [工作内容] (1)砂浆制作、运输 (2)砌砖、砌块 (3)勾缝 (4)材料运输	m³	18.589	708.90	13177.74
13	010402001004	砌块墙	[项目特征] (1)砂浆强度等级：M5水泥砂浆砌筑 (2)墙体类型：外墙 (3)砌块品种、规格、强度等级：100 mm厚加气混凝土砌块 [工作内容] (1)砂浆制作、运输 (2)砌砖、砌块 (3)勾缝 (4)材料运输	m³	1.407	717.31	1009.26
14	010501001001	垫层	[项目特征] (1)混凝土种类（商品混凝土、现场拌制，泵送、非泵送）：商品混凝土，泵送 (2)混凝土强度等级：C15 [工作内容] 混凝土制作、运输、浇筑、振捣、养护	m³	97.222	665.23	64674.99
15	010501003001	独立基础	[项目特征] (1)混凝土种类（商品混凝土、现场拌制，泵送、非泵送）：商品混凝土，泵送 (2)混凝土强度等级：C30 [工作内容] 混凝土制作、运输、浇筑、振捣、养护	m³	75.816	641.81	48659.47

分部分项工程工程量清单与计价表

工程名称:1号办公大厦项目——1号办公楼   第4页 共20页

序号	项目编码	项目名称	项目特征描述	计量单位	工程量	金额(元)	
						综合单价	合价
16	010501004001	满堂基础	[项目特征] (1)止水板 (2)混凝土种类(商品混凝土、现场拌制,泵送、非泵送):商品混凝土,泵送 (3)混凝土强度等级:C30 [工作内容] 混凝土制作、运输、浇筑、振捣、养护	m³	312.914	649.51	203240.77
17	010502001001	矩形柱	[项目特征] (1)混凝土种类(商品混凝土、现场拌制,泵送、非泵送):商品混凝土,泵送 (2)混凝土强度等级:C30 [工作内容] 混凝土制作、运输、浇筑、振捣、养护	m³	151.643	660.52	100163.23
18	010502002001	构造柱	[项目特征] (1)混凝土种类(商品混凝土、现场拌制,泵送、非泵送):商品混凝土、非泵送 (2)混凝土强度等级:C25 [工作内容] 混凝土制作、运输、浇筑、振捣、养护	m³	18.387	845.37	15543.82
19	010503002001	矩形梁	[项目特征] (1)混凝土种类(商品混凝土、现场拌制,泵送、非泵送):商品混凝土,泵送 (2)混凝土强度等级:C30 [工作内容] 混凝土制作、运输、浇筑、振捣、养护	m³	4.99	652.87	3257.82
20	010503004001	圈梁	[项目特征] (1)混凝土种类(商品混凝土、现场拌制,泵送、非泵送):商品混凝土、非泵送 (2)混凝土强度等级:C25 [工作内容] 混凝土制作、运输、浇筑、振捣、养护	m³	14.258	849.75	12115.74

分部分项工程工程量清单与计价表

工程名称：1号办公大厦项目——1号办公楼　　　　　　　　　　　　　　第5页 共20页

序号	项目编码	项目名称	项目特征描述	计量单位	工程量	金额（元）	
						综合单价	合价
21	010503005001	过梁	[项目特征] (1)混凝土种类(商品混凝土、现场拌制,泵送、非泵送)：商品混凝土、非泵送 (2)混凝土强度等级：C25 [工作内容] 混凝土制作、运输、浇筑、振捣、养护	m³	5.665	853.50	4835.08
22	010504001001	直形墙	[项目特征] (1)混凝土种类(商品混凝土、现场拌制,泵送、非泵送)：商品混凝土、泵送 (2)混凝土强度等级：C30 [工作内容] 混凝土制作、运输、浇筑、振捣、养护	m³	48.327	651.75	31497.12
23	010504002001	弧形墙	[项目特征] (1)混凝土种类(商品混凝土、现场拌制,泵送、非泵送)：商品混凝土、泵送 (2)混凝土强度等级：C30 [工作内容] 混凝土制作、运输、浇筑、振捣、养护	m³	8.055	651.75	5249.85
24	010504004001	挡土墙	[项目特征] (1)混凝土种类(商品混凝土、现场拌制,泵送、非泵送)：商品混凝土、泵送 (2)混凝土强度等级：C30P6 [工作内容] 混凝土制作、运输、浇筑、振捣、养护	m³	131.177	695.30	91207.37
25	010505001001	有梁板	[项目特征] (1)混凝土种类(商品混凝土、现场拌制,泵送、非泵送)：商品混凝土、泵送 (2)混凝土强度等级：C30 [工作内容] 混凝土制作、运输、浇筑、振捣、养护	m³	564.768	646.09	364890.96
26	010505007001	天沟(檐沟)、挑檐板	[项目特征] (1)混凝土种类(商品混凝土、现场拌制,泵送、非泵送)：商品混凝土、泵送 (2)混凝土强度等级：C30 [工作内容] 混凝土制作、运输、浇筑、振捣、养护	m³	3.228	764.70	2468.45

分部分项工程工程量清单与计价表

序号	项目编码	项目名称	项目特征描述	计量单位	工程量	金额（元）	
						综合单价	合价
27	010505006001	栏板	[项目特征] (1)混凝土种类（商品混凝土、现场拌制，泵送、非泵送）：泵送、商品混凝土 (2)混凝土强度等级：C25 [工作内容] 混凝土制作、运输、浇筑、振捣、养护	m³	1.362	635.70	865.82
28	010506001001	直形楼梯	[项目特征] (1)混凝土种类（商品混凝土、现场拌制，泵送、非泵送）：商品混凝土、泵送 (2)混凝土强度等级：C30 (3)楼梯类型（板式、梁式）：板式 (4)梯板厚度（不含梯阶）：120 mm [工作内容] 混凝土制作、运输、浇筑、振捣、养护	m²	91.52	163.27	14942.47
29	010507001001	散水、坡道	[项目特征] 60 mm厚C15细石混凝土，1:1水泥砂浆压实赶光 [工作内容] (1)地基夯实 (2)铺设垫层 (3)混凝土制作、运输、浇筑、振捣、养护 (4)变形缝填塞	m²	100.03	172.86	17291.19
30	010404001001	垫层	[项目特征] (1)150 mm厚3:7灰土宽出面层300 mm (2)素土夯实，向外坡4% [工作内容] (1)垫层材料的拌制 (2)垫层铺设 (3)材料运输	m³	20.43	281.71	5755.34
31	010507004001	台阶	[项目特征] 100 mm厚C15混凝土，台阶面向外坡1% [工作内容] 混凝土制作、运输、浇筑、振捣、养护	m³	15.68	723.04	11337.27
32	010404001002	垫层	[项目特征] (1)300 mm厚3:7灰土垫层，分两步夯实 (2)素土夯实 [工作内容] (1)垫层材料的拌制 (2)垫层铺设 (3)材料运输	m³	11.81	281.71	3327

分部分项工程工程量清单与计价表

工程名称：1号办公大厦项目——1号办公楼　　　　　　　　　　　　　第7页　共20页

序号	项目编码	项目名称	项目特征描述	计量单位	工程量	金额(元)	
						综合单价	合价
33	010507005001	压顶	[项目特征] (1)断面尺寸:300 mm×60 mm (2)混凝土种类(商品混凝土、现场拌制、泵送、非泵送):商品混凝土、非泵送 (3)混凝土强度等级:C25 [工作内容] 混凝土制作、运输、浇筑、振捣、养护	m³	1.88	804.74	1512.91
34	010515001001	现浇构件钢筋	[项目特征] 钢筋种类、规格:Ⅰ级钢筋,直径10 mm以内 [工作内容] (1)钢筋制作、运输 (2)钢筋安装 (3)焊接(绑扎)	t	8.167	5774.61	47161.24
35	010515001002	现浇构件钢筋	[项目特征] 钢筋种类、规格:Ⅰ级钢筋,直径10 mm以外 [工作内容] (1)钢筋制作、运输 (2)钢筋安装 (3)焊接(绑扎)	t	10.1	5578.57	56343.56
36	010515001003	现浇构件钢筋	[项目特征] 钢筋种类、规格:Ⅲ级钢筋,直径10 mm以内 [工作内容] (1)钢筋制作、运输 (2)钢筋安装 (3)焊接(绑扎)	t	51.057	5561.02	283929
37	010515001004	现浇构件钢筋	[项目特征]钢筋种类、规格:Ⅲ级钢筋,直径12～18 mm [工作内容] (1)钢筋制作、运输 (2)钢筋安装 (3)焊接(绑扎)	t	72.374	5248.59	379861.45
38	010515001005	现浇构件钢筋	[项目特征] 钢筋种类、规格:Ⅲ级钢筋,直径20～25 mm [工作内容] (1)钢筋制作、运输 (2)钢筋安装 (3)焊接(绑扎)	t	66.299	4946.20	327928.11

分部分项工程工程量清单与计价表

工程名称：1号办公大厦项目——1号办公楼　　　　　　　　　　　　　　　第8页　共20页

序号	项目编码	项目名称	项目特征描述	计量单位	工程量	金额（元）	
						综合单价	合价
39	010516003001	机械连接	[项目特征] (1)规格：直径20 mm以内 (2)连接方式：直螺纹连接 [工作内容] (1)钢筋套丝 (2)套筒连接	个	2230	14.01	31242.3
40	010516003002	机械连接	[项目特征] (1)规格：直径20 mm以外,25 mm以内 (2)连接方式：直螺纹连接 [工作内容] (1)钢筋套丝 (2)套筒连接	个	802	15.81	12679.62
41	010801004001	木质防火门	[项目特征] (1)门代号及洞口尺寸：M1021 (2)门框或扇外围尺寸：1000 mm×2100 mm (3)门框、扇材质：甲级木质防火门 [工作内容] (1)门安装 (2)玻璃安装 (3)五金安装	m²	222.6	581.35	129408.51
42	010802003001	钢质防火门	[项目特征] (1)门代号及洞口尺寸：FM乙-1121 (2)门框或扇外围尺寸：1100 mm×2100 mm (3)门框、扇材质：乙级钢质防火门 [工作内容] (1)门安装 (2)五金安装 (3)玻璃安装	m²	4.62	876.32	4048.6
43	010802003002	钢质防火门	[项目特征] (1)门代号及洞口尺寸：FM甲-1021 (2)门框或扇外围尺寸：1000 mm×2100 mm (3)门框、扇材质：甲级钢质防火门 [工作内容] (1)门安装 (2)五金安装 (3)玻璃安装	m²	4.2	886.29	3722.42
44	010805002001	旋转门	[项目特征] (1)门代号及洞口尺寸：旋转玻璃门5021 (2)门框或扇外围尺寸：5000 mm×2100 mm (3)门框、扇材质：玻璃 [工作内容] (1)门安装 (2)启动装置、五金、电子配件安装	樘	1	26966.40	283147.2

分部分项工程工程量清单与计价表

工程名称：1号办公大厦项目——1号办公楼

序号	项目编码	项目名称	项目特征描述	计量单位	工程量	金额（元）	
						综合单价	合价
45	010807001001	金属（塑钢、断桥）窗	[项目特征] (1)窗代号及洞口尺寸:PC1 (2)窗框或扇外围尺寸:宽:见飘窗平面;高:2400 mm (3)窗框、扇材质:塑钢 [工作内容] (1)窗安装 (2)五金、玻璃安装	m²	57.6	325.93	18773.57
46	010807001002	金属（塑钢、断桥）窗	[项目特征] (1)窗代号及洞口尺寸:JZC1 (2)窗框或扇外围尺寸:宽:见转角窗平面;高:2700 mm (3)窗框、扇材质:塑钢 [工作内容] (1)窗安装 (2)五金、玻璃安装	m²	212.892	325.93	69387.89
47	010807001003	金属（塑钢、断桥）窗	[项目特征] (1)窗代号及洞口尺寸:C1624 (2)窗框或扇外围尺寸:1600 mm×2400 mm (3)窗框、扇材质:塑钢 [工作内容] (1)窗安装 (2)五金、玻璃安装	m²	38.4	325.93	12515.71
48	010807001004	金属（塑钢、断桥）窗	[项目特征] (1)窗代号及洞口尺寸:C1524 (2)窗框或扇外围尺寸:1500 mm×2400 mm (3)窗框、扇材质:塑钢 [工作内容] (1)窗安装 (2)五金、玻璃安装	m²	28.8	325.93	9386.78
49	010807001005	金属（塑钢、断桥）窗	[项目特征] (1)窗代号及洞口尺寸:C2424 (2)窗框或扇外围尺寸:2400 mm×2400 mm (3)窗框、扇材质:塑钢 [工作内容] (1)窗安装 (2)五金、玻璃安装	m²	69.12	325.93	22528.28
50	010807001006	金属（塑钢、断桥）窗	[项目特征] (1)窗代号及洞口尺寸:C5027 (2)窗框或扇外围尺寸:5000 mm×2700 mm (3)窗框、扇材质:塑钢 [工作内容] (1)窗安装 (2)五金、玻璃安装	m²	40.5	325.93	13200.17

分部分项工程工程量清单与计价表

工程名称:1号办公大厦项目——1号办公楼

序号	项目编码	项目名称	项目特征描述	计量单位	工程量	金额(元)	
						综合单价	合价
51	010807001007	金属(塑钢、断桥)窗	[项目特征] (1)窗代号及洞口尺寸:C1824 (2)窗框或扇外围尺寸:1800 mm×2400 mm (3)窗框、扇材质:塑钢 [工作内容] (1)窗安装 (2)五金、玻璃安装	m²	69.12	325.93	22528.28
52	010807001008	金属(塑钢、断桥)窗	[项目特征] (1)窗代号及洞口尺寸:C0924 (2)窗框或扇外围尺寸:900 mm×2400 mm (3)窗框、扇材质:塑钢 [工作内容] (1)窗安装 (2)五金、玻璃安装	m²	34.56	325.93	11264.14
53	011101003002	细石混凝土楼地面	[项目特征] 40 mm 厚细石混凝土,配 A6 钢筋,双向中距150 mm,钢筋网片绑扎 [工作内容] (1)基层清理 (2)抹找平层 (3)面层铺设 (4)材料运输	m²	604.499	43.98	26585.87
54	011101001002	水泥砂浆楼地面	[项目特征] 20 mm 厚1:3水泥砂浆面层 [工作内容] (1)基层清理 (2)抹找平层 (3)抹面层 (4)材料运输	m²	18.74	91.67	1717.9
55	011101006001	平面砂浆找平层	[项目特征] 10 mm 厚M5 水泥砂浆隔离层 [工作内容] (1)基层清理 (2)抹找平层 (3)材料运输	m²	623.239	20.86	13000.77
56	010902001001	屋面卷材防水	[项目特征] (1)3 mm 厚 SBS 改性沥青防水卷材 (2)1.5 mm 厚双面自粘型防水卷材 [工作内容] (1)基层处理 (2)刷底油 (3)铺油毡卷材、接缝	m²	642.363	100.39	64486.82

分部分项工程工程量清单与计价表

工程名称：1号办公大厦项目——1号办公楼

序号	项目编码	项目名称	项目特征描述	计量单位	工程量	金额（元）	
						综合单价	合价
57	010902004001	屋面排水管	[项目特征] (1)排水管品种、规格：塑料(PVC) (2)雨水斗、山墙出水口品种、规范	m	59.4	13.04	774.58
58	011101006002	平面砂浆找平层	[项目特征] 20 mm厚1:3水泥砂浆找平层 [工作内容] (1)基层清理 (2)抹找平层 (3)材料运输	m²	623.239	30.26	18859.21
59	011001001001	保温隔热屋面	[项目特征] 35 mm厚聚苯乙烯泡沫板 [工作内容] (1)基层清理 (2)刷黏结材料 (3)铺粘保温层 (4)铺、刷(喷)防护材料	m²	623.239	86.23	53741.9
60	011101003001	LC5.0轻集料混凝土楼地面	[项目特征] (1)最薄处30 mm厚LC5.0轻集料混凝土2%找坡层 (2)钢筋混凝土屋面板 [工作内容] (1)基层清理 (2)抹找平层 (3)面层铺设 (4)材料运输	m²	623.239	33.14	20654.14
61	011101001001	水泥砂浆楼地面	[项目特征] (1)20 mm厚1:2.5水泥砂浆 (2)水泥浆一道(内掺建筑胶) (3)现浇钢筋混凝土楼板 [工作内容] (1)基层清理 (2)抹找平层 (3)抹面层 (4)材料运输	m²	256.427	34.06	8733.9
62	011101001003	水泥砂浆楼地面	[项目特征] (1)20 mm厚1:2.5水泥砂浆 (2)水泥浆一道(内掺建筑胶) [工作内容] (1)基层清理 (2)抹找平层 (3)抹面层 (4)材料运输	m²	43	34.06	1464.58

分部分项工程工程量清单与计价表

工程名称:1号办公大厦项目——1号办公楼　　　　　　　　　　　　第12页 共20页

序号	项目编码	项目名称	项目特征描述	计量单位	工程量	金额(元)	
						综合单价	合价
63	010501001002	垫层	[项目特征] (1)60 mm厚C15混凝土垫层 (2)素土夯实 [工作内容] 混凝土制作、运输、浇筑、振捣、养护	m³	2.58	665.23	1716.29
64	011102003001	块料楼地面	[项目特征] (1)10 mm厚400 mm×400 mm防滑地砖,干水泥擦缝 (2)25 mm厚1:3干硬性水泥砂浆结合层,表面撒水泥粉 [工作内容] (1)基层清理 (2)抹结合层 (3)面层铺设、磨边 (4)嵌缝 (5)刷防护材料 (6)酸洗、打蜡 (7)材料运输	m²	329.479	104.99	34592
65	010904002001	楼(地)面涂膜防水	[项目特征] 1.5 mm厚聚氨酯涂膜防水 [工作内容] (1)基层处理 (2)刷基层处理剂 (3)铺布、喷涂防水层	m²	354.63	48.77	17295.31
66	011101006003	平面砂浆找平层	[项目特征] (1)最薄处30 mm厚1:3找坡层,坡向地漏,一次抹平 (2)水泥浆一道(内掺建筑胶) (3)现浇钢筋混凝土楼板 [工作内容] (1)基层清理 (2)抹找平层 (3)材料运输	m²	263.886	38.62	10191.28
67	011101006004	平面砂浆找平层	[项目特征] (1)最薄处30 mm厚1:3找坡层,坡向地漏,一次抹平 (2)水泥浆一道(内掺建筑胶) [工作内容] (1)基层清理 (2)抹找平层 (3)材料运输	m²	65.593	38.62	2533.2

分部分项工程工程量清单与计价表

工程名称：1号办公大厦项目——1号办公楼 第13页 共20页

序号	项目编码	项目名称	项目特征描述	计量单位	工程量	金额（元）	
						综合单价	合价
68	010501001003	垫层	[项目特征] (1)60 mm厚C15混凝土垫层 (2)素土夯实 [工作内容] 混凝土制作、运输、浇筑、振捣、养护	m³	3.936	665.23	2618.35
69	011102003003	块料楼地面	[项目特征] (1)10 mn厚地砖,干水泥擦缝 (2)25 mm厚1:3干硬性水泥砂浆结合层,表面撒水泥粉 (3)水泥浆一道(内掺建筑胶) (4)现浇钢筋混凝土楼板 [工作内容] (1)基层清理 (2)抹结合层 (3)面层铺设、磨边 (4)嵌缝 (5)刷防护材料 (6)酸洗、打蜡 (7)材料运输	m²	1293.407	165.49	214045.92
70	011102003005	块料楼地面	[项目特征] (1)10 mm厚地砖,干水泥擦缝 (2)25 mm厚1:3干硬性水泥砂浆结合层,表面撒水泥粉 (3)水泥浆一道(内掺建筑胶) [工作内容] (1)基层清理 (2)抹结合层 (3)面层铺设、磨边 (4)嵌缝 (5)刷防护材料 (6)酸洗、打蜡 (7)材料运输	m²	116.247	165.49	19237.72
71	010501001004	垫层	[项目特征] (1)60 mm厚C15混凝土垫层 (2)素土夯实 [工作内容] 混凝土制作、运输、浇筑、振捣、养护	m³	6.975	665.23	4639.98

分部分项工程工程量清单与计价表

工程名称:1号办公大厦项目——1号办公楼

序号	项目编码	项目名称	项目特征描述	计量单位	工程量	金额(元)	
						综合单价	合价
72	011102001001	石材楼地面	[项目特征] (1)20 mm 厚大理石板,水泥浆擦缝 (2)30 mm 厚1:3 干硬性水泥砂浆结合层,表面撒水泥粉 (3)水泥浆一道(内掺建筑胶) (4)现浇钢筋混凝土楼板 [工作内容] (1)基层清理 (2)抹结合层 (3)面层铺设、磨边 (4)嵌缝 (5)刷防护材料 (6)酸洗、打蜡 (7)材料运输	m²	400.166	268.54	107460.58
73	011102001002	石材楼地面	[项目特征] (1)20 mm 厚大理石板,水泥浆擦缝 (2)30 mm 厚1:3 干硬性水泥砂浆结合层,表面撒水泥粉 (3)水泥浆一道(内掺建筑胶) [工作内容] (1)基层清理 (2)抹结合层 (3)面层铺设、磨边 (4)嵌缝 (5)刷防护材料 (6)酸洗、打蜡 (7)材料运输	m²	327.29	268.54	87890.46
74	010501001005	垫层	[项目特征] (1)60 mm 厚C15混凝土垫层 (2)素土夯实 [工作内容] 混凝土制作、运输、浇筑、振捣、养护	m³	19.637	665.23	13063.12
75	011105001001	水泥砂浆踢脚线	[项目特征] (1)6 mm 厚1:2.5 水泥砂浆抹面压实赶光 (2)素水泥浆一道 (3)8 mm 厚1:3 水泥砂浆打底划出纹道 (4)素水泥浆一道(内掺建筑胶) [工作内容] (1)基层清理 (2)底层和面层抹灰 (3)材料运输	m²	27.544	94.53	2603.73

分部分项工程工程量清单与计价表

工程名称：1号办公大厦项目——1号办公楼

序号	项目编码	项目名称	项目特征描述	计量单位	工程量	综合单价	合价
76	011105002001	石材踢脚线	[项目特征] (1)15 mm厚大理石板,稀水泥浆擦缝 (2)10 mm厚1:2水泥砂浆黏结层(内掺建筑胶) (3)界面剂一道(内掺建筑胶) [工作内容] (1)基层清理 (2)底层抹灰 (3)面层铺贴、磨边 (4)擦缝 (5)磨光、酸洗、打蜡 (6)刷防护材料 (7)材料运输	m²	37.986	388.04	14740.09
77	011105003001	块料踢脚线	[项目特征] (1)10 mm厚地砖踢脚,稀水泥浆擦缝 (2)9 mm厚1:2水泥砂浆黏结层(内掺建筑胶) (3)素水泥浆一道(内掺建筑胶) [工作内容] (1)基层清理 (2)底层抹灰 (3)面层铺贴、磨边 (4)擦缝 (5)磨光、酸洗、打蜡 (6)刷防护材料 (7)材料运输	m²	104.973	171.67	18020.71
78	011107001001	石材台阶面	[项目特征] (1)20 mm厚花岗岩板铺面,正、背面及四周边满涂防污剂,稀水泥浆擦缝 (2)撒素水泥面(洒适量清水) (3)30 mm厚干硬性水泥砂浆黏结层 (4)素水泥浆一道(内掺建筑胶) [工作内容] (1)基层清理 (2)抹结合层 (3)面层铺贴 (4)贴嵌防滑条 (5)勾缝 (6)刷防护材料 (7)材料运输	m²	43.25	219.52	9494.24

分部分项工程工程量清单与计价表

工程名称:1号办公大厦项目——1号办公楼

序号	项目编码	项目名称	项目特征描述	计量单位	工程量	金额(元)	
						综合单价	合价
79	011503001001	金属扶手、栏杆、栏板	[工作内容] (1)制作 (2)运输 (3)安装 (4)刷防护材料	m	83.56	567.52	47421.97
80	011503001002	金属扶手、栏杆、栏板	[工作内容] (1)制作 (2)运输 (3)安装 (4)刷防护材料	m	38.78	434.30	16842.15
81	011407001001	墙面喷刷涂料	[工作内容] (1)基层清理 (2)刮腻子 (3)喷刷涂料	m²	5419.78	38.76	210070.67
82	011201001001	墙面一般抹灰	[工作内容] (1)基层清理 (2)砂浆制作、运输 (3)刷界面剂 (4)底层抹灰 (5)抹面层 (6)抹装饰面 (7)勾分格缝	m²	5419.78	49.82	270013.44
83	011204003001	块料墙面	[项目特征] (1)白水泥擦缝 (2)5 mm厚釉面砖(贴前充分浸湿) (3)5 mm厚1:2建筑胶水泥砂浆黏结层 (4)刷素水泥浆一道 [工作内容] (1)基层清理 (2)砂浆制作、运输 (3)黏结层铺贴 (4)面层安装 (5)嵌缝 (6)刷防护材料 (7)磨光、酸洗、打蜡	m²	711.361	139.99	99583.43

分部分项工程工程量清单与计价表

工程名称：1号办公大厦项目——1号办公楼

序号	项目编码	项目名称	项目特征描述	计量单位	工程量	金额（元）	
						综合单价	合价
84	011201004001	立面砂浆找平层	[项目特征] (1)6 mm厚1:0.5:2.5水泥石灰膏砂浆打底扫毛 (2)8 mm厚1:1:6水泥石灰膏砂浆打底扫毛划出纹道 (3)专用界面剂一道甩毛(甩前先喷湿墙面) (4)墙面喷湿 [工作内容] (1)基层清理 (2)刷界面剂 (3)砂浆制作、运输 (4)抹灰找平	m²	711.361	49.02	34870.92
85	011204001001	石材墙面	[项目特征] (1)大理石内墙裙 (2)稀水泥浆擦缝 (3)10 mm厚大理石板,正、背面及四周边满涂防污剂 [工作内容] (1)基层清理 (2)砂浆制作、运输 (3)黏结层铺贴 (4)面层安装 (5)嵌缝 (6)刷防护材料 (7)磨光、酸洗、打蜡	m²	14.628	364.51	5332.05
86	011201004002	立面砂浆找平层	[项目特征] (1)6 mm厚1:0.5:2.5水泥石灰膏砂浆打底扫毛 (2)8 mm厚1:1:6水泥石灰膏砂浆打底扫毛划出纹道 (3)专用界面剂一道甩毛(甩前先喷湿墙面) (4)墙面喷湿 [工作内容] (1)基层清理 (2)刷界面剂 (3)砂浆制作、运输 (4)抹灰找平	m²	711.361	47.38	33704.28
87	011204003002	块料墙面	[项目特征] (1)1:1水泥砂浆(细砂)勾缝 (2)贴10 mm厚外墙饰面砖,在砖粘贴面上随贴随涂刷一道混凝土 [工作内容] (1)基层清理 (2)砂浆制作、运输 (3)黏结层铺贴 (4)面层安装 (5)嵌缝 (6)刷防护材料 (7)磨光、酸洗、打蜡	m²	1062.735	114.57	121757.55

分部分项工程工程量清单与计价表

工程名称:1号办公大厦项目——1号办公楼　　　　　　　　　　　　

序号	项目编码	项目名称	项目特征描述	计量单位	工程量	综合单价	合价
						金额(元)	
88	011201004003	立面砂浆找平层	[项目特征] (1)6 mm厚1:2.5水泥砂浆(掺建筑胶) (2)刷素水泥浆一道((内掺重5%的建筑胶) (3)5 mm厚1:3水泥砂浆打底扫毛 (4)刷聚合物水泥浆一道 [工作内容] (1)基层清理 (2)刷界面剂 (3)砂浆制作、运输 (4)抹灰找平	m²	1062.735	61.34	65188.16
89	011001003001	保温隔热墙面	[项目特征] 外墙外保温聚苯乙烯板厚度50 mm [工作内容] (1)基层清理 (2)刷界面剂 (3)安装龙骨 (4)填贴保温材料 (5)保温板安装 (6)粘贴面层 (7)铺设增强格网、抹抗裂、防水砂浆面层 (8)嵌缝 (9)铺、刷(喷)防护材料	m²	1062.735	133.12	141471.28
90	011204001002	石材墙面	[项目特征] (1)干挂大理石墙面 (2)详见05J909-P68-WQ20-外墙25 mm [工作内容] (1)基层清理 (2)砂浆制作、运输 (3)黏结层铺贴 (4)面层安装 (5)嵌缝 (6)刷防护材料 (7)磨光、酸洗、打蜡	m²	124.865	370.73	46291.2
91	011001003002	保温隔热墙面	[项目特征] 外墙外保温聚苯乙烯板厚度50 mm [工作内容] (1)基层清理 (2)刷界面剂 (3)安装龙骨 (4)填贴保温材料 (5)保温板安装 (6)粘贴面层 (7)铺设增强格网、抹抗裂、防水砂浆面层 (8)嵌缝 (9)铺、刷(喷)防护材料	m²	124.865	133.12	16622.03

分部分项工程工程量清单与计价表

工程名称：1号办公大厦项目——1号办公楼　　　　　　　　　　　　　　第19页　共20页

序号	项目编码	项目名称	项目特征描述	计量单位	工程量	金额（元）		
						综合单价	合价	
92	011407001002	墙面喷刷涂料	[项目特征] 喷（刷）外墙涂料（一底二面） [工作内容] (1)基层清理 (2)刮腻子 (3)喷刷涂料	m²	97.064	66.16	6421.75	
93	011201001002	墙面一般抹灰	[项目特征] (1)12 mm厚1:2.5水泥砂浆找平 (2)刷素水泥浆一道（内掺水重5%的建筑胶） (3)5 mm厚1:3水泥砂浆打底扫毛 (4)刷聚合物水泥浆一道 [工作内容] (1)基层清理 (2)砂浆制作、运输 (3)刷界面剂 (4)底层抹灰 (5)抹面层 (6)抹装饰面 (7)勾分格缝	m²	97.064	76.02	7378.81	
94	011001003003	保温隔热墙面	[项目特征] 外墙外保温聚苯乙烯板厚度50 mm [工作内容] (1)基层清理 (2)刷界面剂 (3)安装龙骨 (4)填贴保温材料 (5)保温板安装 (6)粘贴面层 (7)铺设增强格网、抹抗裂、防水砂浆面层 (8)嵌缝 (9)铺、刷（喷）防护材料	m²	97.064	133.12	12921.16	
95	011201001003	墙面一般抹灰	[项目特征] (1)6 mm厚1:2.5水泥砂浆面层 (2)12 mm厚1:3水泥砂浆打底扫毛 [工作内容] (1)基层清理 (2)砂浆制作、运输 (3)刷界面剂 (4)底层抹灰 (5)抹面层 (6)抹装饰面 (7)勾分格缝	m²	216.321	68.40	14796.36	

分部分项工程工程量清单与计价表

工程名称:1号办公大厦项目-1号办公楼　　　　　　　　　　　　第20页 共20页

序号	项目编码	项目名称	项目特征描述	计量单位	工程量	金额(元)	
						综合单价	合价
96	011407002001	天棚喷刷涂料	[项目特征] (1)面浆(或涂料)饰面两遍 (2)2 mm厚面层耐水腻子刮平 (3)3 mm厚底基防裂腻子分遍找平 [工作内容] (1)基层清理 (2)刮腻子 (3)喷刷涂料	m²	1515.162	100.91	152895
97	011301001001	天棚抹灰	[项目特征] (1)5 mm厚1:0.5:3水泥石灰膏砂浆打底 (2)素水泥一道甩毛(内掺建筑胶) [工作内容] (1)基层清理 (2)底层抹灰 (3)抹面层	m²	1515.162	37.58	56939.79
98	011302001001	天棚吊顶	[项目特征] (1)铝合金条板吊顶 (2)详见05J909-P279-DP19-棚35C [工作内容] (1)基层清理、吊杆安装 (2)龙骨安装 (3)基层板铺贴 (4)面层铺贴 (5)嵌缝 (6)刷防护材料	m²	1101.844	182.60	201196.71
99	011302001002	天棚吊顶	[项目特征] (1)岩棉吸声板 (2)详见05J909-P273-DP13-棚25C2 [工作内容] (1)基层清理、吊杆安装 (2)龙骨安装 (3)基层板铺贴 (4)面层铺贴 (5)嵌缝 (6)刷防护材料	m²	170.465	97.66	16647.61

总价措施项目清单与计价表

工程名称：1号办公大厦项目——1号办公楼 　　　　　　　　　　　　　　　第1页 共1页

序号	项目名称	计算基础	费率(%)	金额(元)
1	安全文明施工费	6968352.65	3.58	249467
2	其他总价措施费	6968352.65	0.35	24389
3	防尘措施费	249467.02	10.5	26194
	合计			300050

编制人（造价人员）：　　　　　　　　　　复核人（造价工程师）：

注：1."计算基础"中安全文明施工费的计算基数为"分部分项工程费+单价措施项目费"。

　　2.按施工方案计算的措施费，若无"计算基础"和"费率"的数值，也可只填"金额"数值，但应在备注栏说明施工方案出处或计算方法。

表-06

单价措施项目清单与计价表

工程名称:1号办公大厦项目——1号办公楼

序号	项目编码	项目名称	项目特征描述	计量单位	工程量	金额(元)	
						综合单价	合价
1	011702033001	垫层模板	[项目特征] 基础垫层 [工作内容] (1)模板及支架制作 (2)模板及支架安装、拆除、整理堆放及场内外运输 (3)清理模板黏结物及模内杂物、刷隔离剂等	m²	52.276	73.73	3854.31
2	011702001001	基础模板	[项目特征] 基础类型:独立基础 [工作内容] (1)模板及支架制作 (2)模板及支架安装、拆除、整理堆放及场内外运输 (3)清理模板黏结物及模内杂物、刷隔离剂等	m²	88.72	75.21	6672.63
3	011702001002	基础模板	[项目特征] 基础类型:筏板基础 [工作内容] (1)模板及支架制作 (2)模板及支架安装、拆除、整理堆放及场内外运输 (3)清理模板黏结物及模内杂物、刷隔离剂等	m²	50.54	60.09	3036.95
4	011702002001	柱模板	(1)支撑高度:3.6 m以内 (2)构件形状:矩形	m²	636.026	81.59	51893.36
5	011702002002	柱模板	[项目特征] (1)支撑高度:3.6 m以外 (2)构件形状:矩形 [工作内容] (1)模板及支架制作 (2)模板及支架安装、拆除、整理堆放及场内外运输 (3)清理模板黏结物及模内杂物、刷隔离剂等	m²	425.407	81.69	34751.5

单价措施项目清单与计价表

工程名称：1号办公大厦项目——1号办公楼　　　　　　　　　　　　　　　　　　第2页　共7页

序号	项目编码	项目名称	项目特征描述	计量单位	工程量	金额（元）	
						综合单价	合价
6	011702003001	构造柱模板	[项目特征] 支撑高度：3.6 m以内 [工作内容] （1）模板及支架制作 （2）模板及支架安装、拆除、整理堆放及场内外运输 （3）清理模板黏结物及模内杂物、刷隔离剂等	m²	196.703	102.03	20069.61
7	011702006001	梁模板	支撑高度：3.6 m以内	m²	27.135	97.65	2649.73
8	011702006002	梁模板	[项目特征] 支撑高度：3.6 m以外 [工作内容] （1）模板及支架制作 （2）模板及支架安装、拆除、整理堆放及场内外运输 （3）清理模板黏结物及模内杂物、刷隔离剂等	m²	17.755	97.65	1733.78
9	011702008001	圈梁模板	[项目特征] 支撑高度：3.6 m以内 [工作内容] （1）模板及支架制作 （2）模板及支架安装、拆除、整理堆放及场内外运输 （3）清理模板黏结物及模内杂物、刷隔离剂等	m²	113.244	368.01	41674.92
10	011702009001	过梁模板	[项目特征] 支撑高度：3.6 m以内 [工作内容] （1）模板及支架制作 （2）模板及支架安装、拆除、整理堆放及场内外运输 （3）清理模板黏结物及模内杂物、刷隔离剂等	m²	82.278	91.97	7567.11

单价措施项目清单与计价表

工程名称：1号办公大厦项目——1号办公楼

序号	项目编码	项目名称	项目特征描述	计量单位	工程量	金额(元)	
						综合单价	合价
11	011702011003	墙模板	[项目特征] (1)屋面上人孔 (2)支撑高度:3.6 m以内 [工作内容] (1)模板及支架制作 (2)模板及支架安装、拆除、整理堆放及场内外运输 (3)清理模板黏结物及模内杂物、刷隔离剂等	m²	6.78	73.54	498.6
12	011702011002	墙模板	支撑高度:3.6 m以外	m²	939.248	73.67	69194.4
13	011702011001	墙模板	[项目特征] (1)弧形 (2)支撑高度:3.6 m以外 [工作内容] (1)模板及支架制作 (2)模板及支架安装、拆除、整理堆放及场内外运输 (3)清理模板黏结物及模内杂物、刷隔离剂等	m²	52.075	102.95	5361.12
14	011702013001	电梯井壁模板	[项目特征] 支撑高度:3.6 m以内 [工作内容] (1)模板及支架制作 (2)模板及支架安装、拆除、整理堆放及场内外运输 (3)清理模板黏结物及模内杂物、刷隔离剂等	m²	197.601	72.9	14405.11
15	011702013002	电梯井壁模板	[项目特征] 支撑高度:3.6 m以外 [工作内容] (1)模板及支架制作 (2)模板及支架安装、拆除、整理堆放及场内外运输 (3)清理模板黏结物及模内杂物、刷隔离剂等	m²	147.554	73.15	10793.58

单价措施项目清单与计价表

工程名称：1号办公大厦项目——1号办公楼　　　　　　　　　　　　　　　　　　　　　　　第4页　共7页

序号	项目编码	项目名称	项目特征描述	计量单位	工程量	综合单价	合价
16	011702014001	有梁板模板	支撑高度：3.6 m以内	m²	2396.79	76.08	182347.78
17	011702014002	有梁板模板	[项目特征] (1)带弧形边 (2)支撑高度：3.6 m以内 [工作内容] (1)模板及支架制作 (2)模板及支架安装、拆除、整理堆放及场内外运输 (3)清理模板黏结物及模内杂物、刷隔离剂等	m²	27.19	95.47	2595.83
18	011702014003	有梁板模板	[项目特征] 支撑高度：3.6 m以外 [工作内容] (1)模板及支架制作 (2)模板及支架安装、拆除、整理堆放及场内外运输 (3)清理模板黏结物及模内杂物、刷隔离剂等	m²	1445.959	83.72	121055.69
19	011702014005	有梁板模板	[项目特征] (1)带弧形边 (2)支撑高度：3.6 m外 [工作内容] (1)模板及支架制作 (2)模板及支架安装、拆除、整理堆放及场内外运输 (3)清理模板黏结物及模内杂物、刷隔离剂等	m²	13.595	101.17	1375.41
20	011702022001	天沟、檐沟模板	[项目特征] 构件类型：飘窗顶板、底板 [工作内容] (1)模板及支架制作 (2)模板及支架安装、拆除、整理堆放及场内外运输 (3)清理模板黏结物及模内杂物、刷隔离剂等	m²	53.836	97.77	5263.55

单价措施项目清单与计价表

工程名称:1号办公大厦项目——1号办公楼

序号	项目编码	项目名称	项目特征描述	计量单位	工程量	综合单价	合价
						金额(元)	
21	011702021001	栏板模板	[项目特征] 构件形状:矩形 [工作内容] (1)模板及支架制作 (2)模板及支架安装、拆除、整理堆放及场内外运输 (3)清理模板黏结物及模内杂物、刷隔离剂等	m²	142.468	73.46	10465.7
22	011702024001	楼梯模板	[工作内容] (1)模板及支架制作 (2)模板及支架安装、拆除、整理堆放及场内外运输 (3)清理模板黏结物及模内杂物、刷隔离剂等	m²	91.52	190.59	17442.8
23	011702033002	垫层模板	[项目特征] 散水 [工作内容] (1)模板及支架制作 (2)模板及支架安装、拆除、整理堆放及场内外运输 (3)清理模板黏结物及模内杂物、刷隔离剂等	m²	8.222	73.73	606.21
24	011702027001	台阶模板	[项目特征] 台阶踏步宽:300 mm [工作内容] (1)模板及支架制作 (2)模板及支架安装、拆除、整理堆放及场内外运输 (3)清理模板黏结物及模内杂物、刷隔离剂等	m²	8.88	38.42	341.17

单价措施项目清单与计价表

序号	项目编码	项目名称	项目特征描述	计量单位	工程量	综合单价	合价
						金额(元)	
25	011702025001	其他现浇构件模板	[项目特征] 构件类型：压顶 [工作内容] (1)模板及支架制作 (2)模板及支架安装、拆除、整理堆放及场内外运输 (3)清理模板黏结物及模内杂物、刷隔离剂等	m²	19.995	72.52	1450.04
26	011701002001	外脚手架及垂直封闭安全网	[工作内容] (1)场内、场外材料搬运 (2)搭、拆脚手架、斜道、上料平台 (3)安全网的铺设 (4)拆除脚手架后材料的堆放	m²	1986.628	84.15	167174.75
27	011701002002	外脚手架及垂直封闭安全网	[工作内容] (1)场内、场外材料搬运 (2)搭、拆脚手架、斜道、上料平台 (3)安全网的铺设 (4)拆除脚手架后材料的堆放	m²	469.404	63.59	29849.4
28	011701003002	砌筑脚手架	[项目特征] 砌筑高度：3.6 m以内 [工作内容] (1)场内、场外材料搬运 (2)搭、拆脚手架、斜道、上料平台 (3)安全网的铺设 (4)拆除脚手架后材料的堆放	m²	3427.348	3.73	12784.01
29	011701003001	砌筑脚手架	[项目特征] 砌筑高度：3.6 m以外 [工作内容] (1)场内、场外材料搬运 (2)搭、拆脚手架、斜道、上料平台 (3)安全网的铺设 (4)拆除脚手架后材料的堆放	m²	193.113	10.26	1981.34

单价措施项目清单与计价表

工程名称:1号办公大厦项目——1号办公楼

序号	项目编码	项目名称	项目特征描述	计量单位	工程量	金额(元)	
						综合单价	合价
30	011701010001	电梯井脚手架	[项目特征] (1)构筑物几何尺寸、高度:内围平面尺寸 (2)2 m×2.1 m,内围高21.35 m [工作内容] (1)场内、场外材料搬运 (2)搭、拆脚手架、斜道、上料平台 (3)安全网的铺设 (4)拆除脚手架后材料的堆放	m³	98.637	30.54	3012.37
31	011701006001	满堂装饰脚手架	[工作内容] (1)场内、场外材料搬运 (2)搭、拆脚手架、斜道、上料平台 (3)安全网的铺设 (4)拆除脚手架后材料的堆放	m²	1071.921	11.11	11909.04
32	011703001001	垂直运输	[项目特征] (1)建筑物建筑类型及结构形式:框架结构 (2)地下室建筑面积:615.96 m² (3)建筑物檐口高度、层数:14.85 m [工作内容] (1)垂直运输机械的使用费 (2)垂直运输人工费用	项	1	494193.6	494193.6
33	011705001001	大型机械设备进出场及安拆	[工作内容] (1)安拆费包括施工机械、设备在现场进行安装拆卸所需的人工、材料、机械和试运转费用以及机械辅助设施的折旧、搭设、拆除等费用 (2)进出场费包括施工机械、设备整体或分体自停放地点运至施工现场(或由一施工地点运至另一施工地点)、运离施工现场所发生的运输、装卸、辅助材料等费用 (3)大型机械设备基础 (4)大型机械检测费	项	1	87131.25	87131.25
合 计							1425136.65

其他项目清单与计价汇总表

工程名称：1号办公大厦项目——1号办公楼　　　　　　　　　　　　　第1页 共1页

序号	项目名称	金额(元)	备注
1	暂列金额	1000000	
2	专业工程暂估价	800000	
3	总承包服务费	15711	
	合　计	1815711	

注：材料（工程设备）暂估单价进入清单项目综合单价，此处不汇总。

表-08

暂列金额明细表

工程名称:1号办公大厦项目——1号办公楼   第1页 共1页

序号	项目名称	暂定金额(元)	备注
1	暂列金额	1000000	
合　计		1000000	—

注:此表由招标人填写,如不能详列,也可只列暂列金额总额,投标人应将上述暂列金额计入投标总价中。

表-9-1

专业工程暂估价明细表

工程名称：1号办公大厦项目——1号办公楼   第1页 共1页

序号	项目名称	金额(元)	备注
1	玻璃幕墙工程	800000	
合 计		800000	—

注：此表"暂估金额"由招标人填写，投标人应将"暂估金额"计入投标总价中，结算时按合同约定结算金额填写。

表-9-2

总承包服务费计价表

工程名称:1号办公大厦项目——1号办公楼

序号	项目名称	计算基础	费率(%)	金额(元)
1	专业工程总承包服务费			12000
1.1	幕墙工程(含预埋件)	800000	1.5	12000
2	甲供材料总承包服务费			3711
2.1	甲供材料总承包服务费	742271.57	0.5	3711
	合计			15711

注:此表项目名称、服务内容由招标人填写,编制招标控制价时,费率及金额由招标人按有关计价规定确定;投标时,费率及金额由投标人自主报价,计入投标总价中。

表-9-3

分部分项工程量清单综合单价分析表（部分）

工程名称:1号办公大厦项目——1号办公楼

序号	项目编码	项目名称及特征描述	单位	工程量	综合单价组成(元)								综合单价(元)
					人工费	材料费	其中:设备费	施工机具使用费	企业管理费	利润	规费	税金	
1	010101001001	平整场地	m²	634.431	0.06			1.34	0.1	0.09		0.14	1.73
1.1	10101002换	平整场地（推土机）	m²	634.431	0.06			1.34	0.1	0.09		0.14	1.73
2	010101002001	挖一般土方	m³	3961.997	2.06			2.26	0.3	0.28		0.44	5.33
2.1	10101049换	挖掘机挖一般土方（不装车 三类土）	m³	3763.897	0.38			2.38	0.19	0.18		0.28	3.41
2.2	10101006×1.5	人工挖一般土方（三类土 基深2 m以内）人工辅助机械开挖不超过总挖方量5%单价×1.5	m³	198.1	33.88				2.3	2.17		3.45	41.8
3	010101004001	挖基坑土方	m³	88.233	3.92			2.26	0.42	0.4		0.63	7.63
3.1	10101061换	小型挖掘机挖槽坑土方（不装车 三类土）	m³	83.821	0.38			2.38	0.19	0.18		0.28	3.41
3.2	10101032×1.5	人工挖基坑土方（三类土 坑深6 m以内）人工辅助机械开挖不超过总挖方量5%单价×1.5	m³	4.412	71.17				4.84	4.56		7.25	87.82
4	010101004002	挖基坑土方	m³	127.799	3.03			2.37	0.37	0.34		0.55	6.66
4.1	10101061换	小型挖掘机挖槽坑土方（不装车 三类土）	m³	8.311	0.38			2.38	0.19	0.18		0.28	3.41
4.2	10101055换	挖掘机挖槽坑土方（不装车 三类土）	m³	113.098	0.38			2.5	0.2	0.18		0.29	3.55
4.3	10101030×1.5	人工挖基坑土方（三类土 坑深2 m以内）人工辅助机械开挖不超过	m³	6.39	53.37				3.63	3.42		5.44	65.86

表-10

单价措施项目清单综合单价分析表（部分）

工程名称：1号办公大厦项目——1号办公楼

序号	项目编码	项目名称及特征描述	单位	工程量	综合单价组成（元）							综合单价（元）
					人工费	材料费	施工机具使用费	企业管理费	利润	规费	税金	
1	011702033001	垫层模板	m²	52.276	42.75	16.35	0.65	4.06	3.83		6.09	73.73
1.1	10117035 换	现浇混凝土胶合板模板 垫层	m²	52.276	42.75	16.35	0.65	4.06	3.83		6.09	73.73
2	011702001001	基础模板	m²	88.72	37.98	22.16	0.81	4.14	3.91		6.21	75.21
2.1	10117037 换	现浇混凝土胶合板模板 独立基础	m²	88.72	37.98	22.16	0.81	4.14	3.91		6.21	75.21
3	011702001002	基础模板	m²	50.54	31.46	16.65	0.59	3.31	3.12		4.96	60.09
3.1	10117039 换	现浇混凝土胶合板模板 满堂基础、桩承台（无梁式）换为【现拌抹灰砂浆 稠度50~70 mm 1：1.5 M50砂子4.75 mm】	m²	50.54	31.46	16.65	0.59	3.31	3.12		4.96	60.09
4	011702002001	柱模板	m²	636.026	40.26	25.2	0.65	4.5	4.24		6.74	81.59
4.1	10117045 换	现浇混凝土胶合板模板 独立矩形柱	m²	636.026	40.26	25.2	0.65	4.5	4.24		6.74	81.59
5	011702002002	柱模板	m²	425.407	40.34	25.2	0.65	4.51	4.25		6.75	81.69
5.1	10117045 换	现浇混凝土胶合板模板 独立矩形柱	m²	425.407	40.26	25.2	0.65	4.5	4.24		6.74	81.59
5.2	10117085 换	柱、墙模板支撑高度超过3.6 m，不超过6 m（每增加0.5 m）	m²	36.942	0.94			0.06	0.06		0.1	1.16

表-11

甲供材料一览表

工程名称：1号办公大厦项目——1号办公楼 　　　　　　　　　　　第1页 共1页

序号	材料（工程设备）名称、规格、型号	单位	数量	单价(元)	交货方式	送达地点	备注
1	C15商品混凝土	m³	133.045	432			
2	C25商品混凝土	m³	48.086235	446			
3	C30商品混凝土	m³	1049.739	495			
4	C30P6商品混凝土	m³	116.618	532			
5	C15细石商品混凝土	m³	18.143	418			

注：此表由招标人填写，供投标人在投标报价、确定总承包服务费时参考。

表-12

人工、材料设备、机械汇总表（部分）

工程名称:1号办公大厦项目——1号办公楼　　　　　　　　　　　　　　第1页 共1页

序号	工料机编码	工料机名称	规格、型号等特殊要求	单位	数量	单价	合价
一				人工			
1	00010040	定额人工费		元	1708230.93471	1.057	1805600.1
2	00030140@1	塔机人工费	建筑檐高100 m以内	元	240	416.66	99998.4
二				材料			
1	01010340	螺纹钢筋	HRB400Eφ14	t	1.1839	3240.708	3836.67
2	01010350	螺纹钢筋	HRB400Eφ16	t	74.18335	3187.611	236467.66
3	01010380	螺纹钢筋	HRB400Eφ22	t	71.42608	3187.611	227678.56
4	01010600	线材	HRB400Eφ10	t	52.07814	3330.088	173424.79
5	01030140	镀锌铁丝	22#	kg	1226.67845	4.65	5704.05
6	01090290	圆钢	φ10	t	8.33034	3273.45	27268.95
7	01090320	圆钢	φ14	t	10.3525	3450.44	35720.68
8	01130010	扁钢	综合	kg	24.3	3.72	90.4
9	01130190	镀锌扁钢	综合	kg	49.68106	4.28	212.63
10	01210010	角钢	综合	kg	1663.78444	3.657	6084.46
……							
（略）							
四				施工机具			
1	99010030	履带式单斗挖掘机	液压斗容量1.25 m³	台班	7.3776	1172.27	8648.54
2	99010040	履带式单斗挖掘机	液压斗容量1.6 m³	台班	0.5	1453.17	726.59
3	99010130	轮胎式单斗挖掘机	液压斗容量0.6 m³	台班	0.35931	531.05	190.81
4	99050010	电动滚筒式混凝土搅拌机	出料容量400 L	台班	2.82755	131.12	370.75
5	99050210	灰浆搅拌机	拌筒容量200 L	台班	55.43994	136.64	7575.31
6	99050740	平板式混凝土振捣器		台班	2.45548	8.97	22.03
……							
（略）							

注:此表由招标人填写,供投标人在投标报价、确定总承包服务费时参考。

表-14